Raed Z. Alfi
Ayad M. Takhakh
Abdul Rahim K. Abid Ali

Estudo do fabrico e das propriedades das ligas com memória de forma Cu-Al-Ni

Raed Z. Alfi
Ayad M. Takhakh
Abdul Rahim K. Abid Ali

Estudo do fabrico e das propriedades das ligas com memória de forma Cu-Al-Ni

ScienciaScripts

Imprint

Cover image: www.ingimage.com

This book is a translation from the original published under ISBN 978-3-659-83411-0.

Publisher:
Sciencia Scripts
is a trademark of
Dodo Books Indian Ocean Ltd. and OmniScriptum S.R.L publishing group

120 High Road, East Finchley, London, N2 9ED, United Kingdom
Str. Armeneasca 28/1, office 1, Chisinau MD-2012, Republic of Moldova, Europe
Managing Directors: Ieva Konstantinova, Victoria Ursu
info@omniscriptum.com

Printed at: see last page
ISBN: 978-620-8-54407-2

ÍNDICE DE CONTEÚDOS

Resumo

Neste estudo, ligas com memória de forma feitas de Cu Al Ni foram preparadas usando a técnica de metalurgia do pó em diferentes composições químicas e diferentes elementos de liga. A liga à base de cobre com 13% em peso de Al e 4% em peso de níquel é a liga principal, com diferentes elementos de liga como Cr, Nb e Ta em adições (0,3, 0,6 e 0,9% em peso). Após a mistura dos pós, a compactação foi efectuada para várias tensões de compactação (300, 425, 550, 675 e 800MPa). Amostras de disco com 14 mm de diâmetro e 5 mm de espessura, bem como amostras cilíndricas com 11 mm de diâmetro e 16,5 mm de comprimento foram preparadas a 650 MPa como tensão de compactação adequada de acordo com os resultados de porosidade e densidade aparente.

A sinterização em forno de tubo de vácuo para todos os espécimes preparados foi conseguida utilizando duas fases de temperatura de sinterização, a primeira a 500°C durante uma hora e a segunda a 850°C durante cinco horas.

Foram efectuados ensaios físicos e mecânicos após a sinterização, que abrangeram a densidade aparente e a porosidade, a difração de raios X e a dureza, a resistência à compressão e o efeito de forma. As caraterísticas da microestrutura foram também observadas ao microscópio ótico e ao microscópio eletrónico de varrimento com espetrometria de raios X por dispersão de energia (EDX).

O calorímetro diferencial de varrimento (DSC) foi utilizado para determinar a temperatura de transformação de fase para todas as ligas com aditivo.

Finalmente, o desgaste por deslizamento a seco das ligas foi observado tendo em consideração diferentes condições de carga e distâncias de deslizamento.

De todos os resultados obtidos neste estudo, é claro que a adição de tântalo em 0,9%wt à liga principal tem a maior dureza (168HV) e a menor taxa de desgaste, enquanto o efeito de forma para ligas com 0,3%wt e 0,6%wt de adição de Nb foi o mais alto, sendo 4% sobre todas as outras ligas.

Capítulo I

Introdução

1.1 Visão histórica

As ligas com memória de forma (SMA) são grupos de materiais metálicos que podem regressar a uma forma ou tamanho previamente definidos quando sujeitos a um procedimento térmico adequado.

A SMA pode ser deformada plasticamente a uma temperatura relativamente baixa e, após exposição a uma temperatura mais elevada, regressa à sua forma original. Diz-se que os materiais que apresentam propriedades de memória de forma apenas aquando do aquecimento têm memória de forma unidirecional, enquanto os que também sofrem uma alteração de forma aquando do arrefecimento têm um efeito de memória de forma bidirecional **[1]** .

As duas fases, que ocorrem nas ligas com memória de forma, são a martensite e a austenite, como se mostra na Fig. 1-1. As propriedades invulgares acima mencionadas estão a ser aplicadas a uma grande variedade de aplicações em vários domínios diferentes. Em 1932, Chang e Read notaram a reversibilidade da liga Au-Cd, não só por observações metalográficas, mas também pela observação de alterações na resistividade eléctrica. Em 1938, Greninger e Mooradian observaram o efeito de memória de forma nas ligas Cu-Zn e Cu-Sn. No entanto, foi apenas na década de 1960 que a SMA atraiu algum interesse tecnológico. Em 1962, Buehler e colaboradores, do U.S. Naval Ordnance Laboratory, descobriram o efeito de memória de forma numa liga equiatómica Ni-Ti que passou a ser conhecida por Nitinol, como referência às iniciais do laboratório **[2]**.

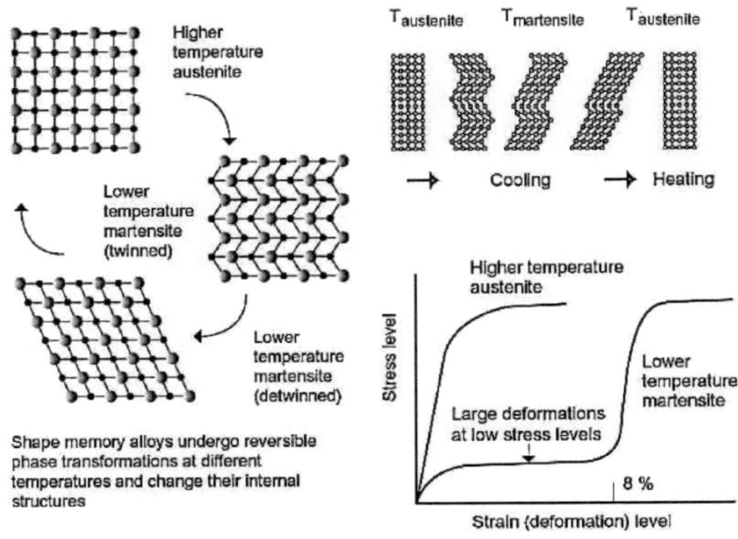

Figura 1-1 Alteração martensítica e austenítica após aquecimento e arrefecimento **[3]**

As ligas de níquel-titânio (NiTi) são normalmente utilizadas em aplicações com memória de forma, embora muitos outros tipos de ligas também apresentem efeitos de memória de forma. Estas ligas podem existir na forma de produto final em dois estados ou fases cristalinas diferentes, dependentes da temperatura **[3]**.

As SMAs podem ser utilizadas para deteção ou acionamento, embora sejam largamente utilizadas para acionamento devido às suas grandes capacidades de geração de força. Têm requisitos de funcionamento muito baixos e são muito adequados para aplicações de baixa frequência. No entanto, a sua utilização é limitada pelo seu tempo de resposta lento, o que os torna adequados apenas para aplicações de baixa precisão. Além disso, apresentam um comportamento constitutivo complexo com grandes histereses, o que dificulta a compreensão do seu comportamento em sistemas estruturais activos. Para compreender melhor o comportamento das SMAs, vários investigadores têm-se concentrado no desenvolvimento de modelos constitutivos para as SMAs.

1.2 Tipos de ligas com memória de forma

Foram desenvolvidas várias ligas que apresentam diferentes graus e tipos de comportamento de memória de forma. As mais bem sucedidas comercialmente têm sido as ligas à base de Ni-Ti, Ni-Ti-X e Cu (em que X é um elemento de liga como Cr Mo, Fe, etc.), embora as ligas Ni-Ti e ternárias Ni-Ti-X sejam utilizadas em mais de 90% das novas aplicações de SMA. As ligas Ni-Ti são mais caras de fundir e produzir do que as ligas de cobre, mas são preferidas pela sua ductilidade, estabilidade em aplicações cíclicas, resistência à corrosão, biocompatibilidade e maior resistividade eléctrica para aquecimento resistivo em aplicações de actuadores.

As ligas à base de Cu mais comuns, Cu-Al-Ni e Cu-Zn-Al, são utilizadas pela sua estreita histerese térmica e adaptabilidade à formação de memória bidirecional. As ligas ternárias Ni-Ti são utilizadas para melhorar outros parâmetros. Os exemplos incluem Ni-Ti-Nb para uma histerese térmica ampla, Ni-Ti-Fe para um TTR extremamente baixo, Ni-Ti-Cr para estabilidade do TTR durante o processamento termomecânico e Ni-Ti-Cu para uma histerese térmica estreita e estabilidade cíclica [4].

1.3 Aplicações das ligas com memória de forma

O fabrico e a tecnologia associados a ambas as classes comerciais de ligas com memória de forma são bastante diferentes, tal como as caraterísticas de desempenho. Por conseguinte, nas aplicações em que se pretende um produto altamente fiável com uma longa vida útil à fadiga, as ligas de níquel-titânio são os materiais de escolha exclusiva, que têm sido utilizados em ferramentas médicas, como o fio de arco para correção dentária, armações de óculos e separadores de tecidos para cirurgia, como se mostra na Fig. 1-2. Na medicina, é muito importante ter caraterísticas biológicas e químicas altamente fiáveis. O material não deve ser vulnerável à degradação, decomposição, dissolução ou corrosão no organismo e deve ser biocompatível. As ligas com memória de forma de níquel-titânio também têm sido utilizadas em articulações artificiais, como nas articulações artificiais da anca. Estas ligas também têm sido utilizadas em placas ósseas, em pinos de medula óssea para curar fracturas ósseas e para ligar ossos partidos.

Este tipo de liga também tem sido utilizado em interruptores e actuadores eléctricos. No entanto, se não for exigido um elevado desempenho e as considerações de custo forem importantes, pode ser recomendada a utilização de ligas com memória de forma à base de cobre

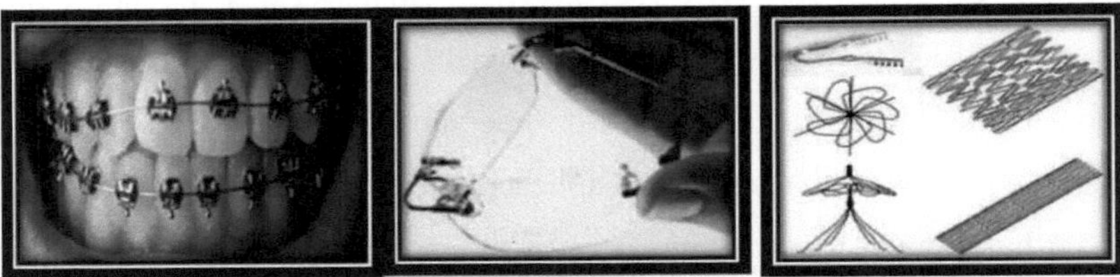

Figura 1-2 Algumas aplicações médicas das ligas com memória de forma

As aplicações típicas deste tipo incluem dispositivos de segurança, tais como fusíveis de temperatura e alarmes de incêndio **[4]**, como se mostra na Fig. 1-3. As ligas com memória de forma também encontraram aplicação no domínio da robótica

Figura 1-3 Algumas aplicações industriais de engenharia para ligas com memória de forma

Os dois principais tipos de actuadores para robôs que utilizam estas ligas são os de polarização e os diferenciais. A polarização utiliza uma mola helicoidal para gerar a força de polarização que se opõe à força unidirecional da liga com memória de forma. No tipo diferencial, a mola é substituída por outra liga com memória de forma, e as forças opostas controlam a atuação. Foi desenvolvido um micro robô com cinco graus de liberdade correspondentes às capacidades dos dedos, pulso, cotovelo e ombro humanos. A variedade de manobras e operações robóticas é coordenada pela ativação das bobinas de níquel-titânio nos dedos e no pulso, para além da contração e expansão dos fios rectos de níquel-titânio no cotovelo e nos ombros **[4]**.

As SMAs têm encontrado aplicações em áreas de estruturas civis devido à sua elevada densidade de potência, atuação em estado sólido, elevada capacidade de amortecimento, durabilidade e resistência à fadiga para reduzir os danos causados por impactos ambientais ou sismos **[5]**.

1.4 Objetivo da tese

O objetivo deste trabalho é a preparação e o estudo das caraterísticas mecânicas de ligas com memória de forma Cu-Al-Ni utilizando a técnica da metalurgia do pó, tendo em conta o estudo dos seguintes parâmetros

1- O efeito de elementos de liga como (Ta, Nb & Cr) com diferentes percentagens de peso nas propriedades mecânicas e físicas da liga principal.
2- O efeito das tensões de compactação sobre as propriedades mecânicas e físicas.
3- As propriedades físicas, tais como a densidade, a porosidade e as propriedades metalúrgicas, são analisadas por difração de raios X, microscópio ótico e microscópio eletrónico de varrimento (MEV) para revelar a microestrutura das ligas preparadas.
4- As propriedades mecânicas como a compressão, a dureza e o desgaste por deslizamento com diferentes cargas e distâncias de deslizamento .

1.5 Apresentação da tese

A Fig.1-4 ilustra o esquema da tese que é considerado para mostrar as fases de experimentação e testes.

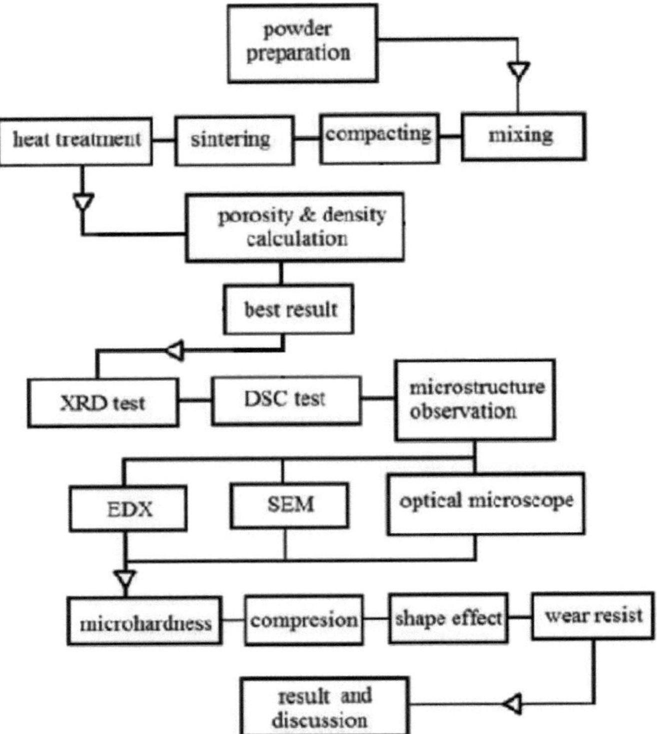

Figura 1-4: Fluxo gráfico da tese

Capítulo II

Revisão da literatura

2.1 Vista geral

Foram efectuadas muitas investigações sobre as ligas com memória de forma e as suas aplicações notáveis. Neste capítulo, serão ilustradas e analisadas as investigações sobre ligas com memória de forma à base de Ni-Ti e Cu, em termos do elemento de liga, das propriedades mecânicas e das propriedades físicas destas ligas.

2.2 Liga com memória de forma Ni-Ti

E. Schüller et al (2003) [6] estudaram as temperaturas de transformação de fase das ligas de NiTi preparadas por processos de metalurgia do pó. As temperaturas de transformação de fase (PTTs) das amostras de NiTi preparadas por prensagem isostática a quente (HIP) e moldagem por injeção de metal (MIM) a partir de dois pós pré-ligados com um teor diferente de Ni foram determinadas e comparadas com as PTTs dos pós iniciais e das amostras sinterizadas a partir de pós soltos. O teor de impurezas das amostras é influenciado pelo processamento. Foram encontrados desvios de até 50K entre os PTTs medidos e os valores dados na literatura para amostras com o mesmo teor nominal de Ni. Para explicar estas diferenças, assumiu-se que a formação de óxidos consumidores de Ti altera preferencialmente o teor de Ni da matriz em transformação. Com base no teor de oxigénio das amostras determinado por análise química, o teor de Ni foi recalculado e os PTTs medidos foram correlacionados com o teor nominal e calculado de Ni. Foi demonstrado que o teor de oxigénio por si só não é suficiente para explicar a influência do processo de fabrico nos PTT das amostras de NiTi produzidas por metalurgia do pó (PM).

A.Tuissi et al (2004) [7] trabalharam no processo de fabrico e caraterização de fios de NiTi para actuadores. Uma rota de produção de fios de NiTi com efeito de memória de forma foi experimentada em equipamento de laboratório e transferida para a escala piloto. Foram relatados os aspectos tecnológicos das operações de fusão por indução a vácuo, trabalho a quente e a frio . O material foi caracterizado ao longo das etapas de produção por calorímetro diferencial de varrimento (DSC), tensão-deformação, fadiga e medições termomecânicas. O processo foi optimizado para aplicações de longa duração, com especial incidência na estabilização das propriedades funcionais ao longo da vida útil. Foi efectuada a caraterização preliminar de actuadores utilizando fios de liga com memória de forma derivados da rota de produção experimentada. O processo de produção conduziu à preparação de fios com desempenhos e estabilidade de ponta, o que os torna especialmente adequados para a aplicação em actuadores. Um atuador especial, com uma combinação de propriedades eléctricas e mecânicas

Liu et al (2006) [8] investigaram o efeito do tratamento térmico nas caraterísticas de amortecimento da liga com memória de forma NiTi. As estruturas e as caraterísticas de amortecimento da liga com memória de forma NiTi utilizando diferentes métodos de tratamento térmico foram clarificadas por difração de raios X, calorimetria diferencial de varrimento e análise de amortecimento. Em especial, estudou-se a dependência das caraterísticas de amortecimento em relação à temperatura e as relações entre a frequência de vibração e a transformação do material. Os resultados mostram que a estrutura da liga com arrefecimento lento é constituída por grandes quantidades das fases M e R, e do Ti_3Ni_4 mais rico em Ni, pelo que o nível de amortecimento da liga é mais elevado e produz um pico de amortecimento de baixa frequência na zona de temperatura correspondente à transformação inversa M^A no processo de reaquecimento.

J. Mentz et al (2006) [9] estudaram a influência dos tratamentos térmicos nas propriedades mecânicas do NiTi rico em Ni de alta qualidade produzido por métodos de metalurgia do pó. As ligas de NiTi produzidas por diferentes métodos de metalurgia do pó (PM) são investigadas em termos de comportamento de transformação e caraterísticas de memória de forma. São tidos em conta os efeitos da pureza, dos tratamentos térmicos e das condições de processamento. É demonstrado que a deformabilidade da PM-NiTi é aumentada após um tratamento a longo prazo a 1250° C quando os dois tipos diferentes de fases secundárias resultantes de impurezas de oxigénio e carbono se tornam maiores em tamanho e a sua distribuição é, portanto, mais isolada. No caso do material NiTi rico em Ni, o comportamento mecânico é ainda influenciado pela precipitação de fases metaestáveis (Ni_4Ti_3) a temperaturas intermédias de (350 e 450° C), que reduzem a deformabilidade, resultando novamente em alongamentos reduzidos na fratura. O nível de tensão e o alongamento na fratura são reduzidos por uma porosidade residual.

Z. Lekston e E. lagiewka (2007) [10] efectuaram um estudo utilizando a difração de raios X de ligas com memória de forma NiTi. As ligas com memória de forma Ti50Ni48.7Co1.3 e Ni50.5Ti49.5 foram obtidas por fusão por indução a vácuo. Após tratamento de homogeneização a 900° C durante 48 horas num forno a vácuo, procedeu-se à laminagem a quente dos lingotes em varetas para minimizar a oxidação da superfície. Os planos e os fios foram obtidos por laminagem e estiramento a quente e a frio. As amostras com as dimensões pretendidas foram cortadas e polidas mecanicamente. As temperaturas de transformação caraterísticas dos espécimes após vários tratamentos foram determinadas pelo método DSC utilizando um calorímetro Perkin-Elmer DSC-7 durante o arrefecimento da temperatura ambiente até cerca de -120°C e o reaquecimento até cerca de 80°C à taxa de 10°C/min. Durante o aquecimento, a intensidade dos picos de martensite diminui e o pico de difração da fase-mãe aumenta. A 36°C, os pequenos picos de difração da fase martensite permanecem inalterados.

G. Satoh et al (2008) [11] investigaram o efeito dos parâmetros de recozimento nas propriedades de memória de forma de películas finas de NiTi. Utilizou-se a deposição por pulverização catódica para depositar películas amorfas de NiTi ricas em Ti, com 1pm de espessura, em substratos de silício, que foram recozidas a vários tempos e temperaturas para alterar a sua microestrutura. Os efeitos dos tratamentos térmicos na memória de forma e nas propriedades mecânicas das películas foram analisados através da difração de raios X dependente da temperatura e da nanoindentação. Foi demonstrado que estes tratamentos térmicos afectam as temperaturas de transformação, os rácios de recuperação e a dureza das películas e podem ser utilizados como base para a conceção de processos a laser para o fabrico de dispositivos com memória de forma funcionalmente graduados.

J.M. Dutkiewicz et al (2008) [12] estudaram a tecnologia de metalurgia do pó da liga com memória de forma NiTi. A liga com memória de forma foi compactada a partir do pó pré-ligado fornecido pela Memry SA. O pó apresenta Ms = 10◦ C e As = -34 °C, de acordo com os resultados das medições DSC. As amostras foram prensadas a quente no estado de partículas esféricas, tal como fornecidas. A compactação a quente foi efectuada numa prensa de vácuo especialmente construída, a uma temperatura de 680°C e a uma pressão de 400MPa. O pó da liga foi encapsulado em cápsulas de cobre antes da prensagem a quente para evitar a oxidação ou a formação de carbonetos. A liga após compactação a vácuo a quente a 680◦ C (isto é, dentro da gama de estabilidade B2 NiTi) mostrou uma gama de transformação semelhante à do pó. A porosidade das amostras compactadas no estado de entrega foi de apenas 1%. As amostras ensaiadas em compressão até s = 0,06 mostraram um efeito superelástico parcial devido à transformação reversível martensítica que teve início na tensão acima de 300MPa e regressou a s = 0,015 após a descarga. Mostraram também uma elevada resistência à compressão final de 1600MPa. As medições das alterações de temperatura das amostras durante o processo permitiram detetar o aumento de temperatura acima de 12◦ C para a taxa de deformação 10 $^{2\ s\ 1}$ acompanhou a transformação exotérmica da martensite durante o carregamento e a diminuição de temperatura relacionada com a transformação endotérmica inversa durante o descarregamento.

K.W. Ng et al (2008) [13] trabalharam nas propriedades de corrosão e desgaste do NiTi modificado à superfície por laser com Mo e ZrO_2 , O material de substrato utilizado neste estudo é a liga NiTi (laminada a quente Ni-55%, Ti-45%) As camadas modificadas, que não apresentam microfissuras nem porosidade, actuam como barreira física à libertação de níquel e melhoram as propriedades gerais, como a dureza, a resistência ao desgaste e a resistência à corrosão. O desempenho eletroquímico da liga de superfície modificada foi estudado em solução de Hanks. Os valores de dureza da camada de liga de Mo e da camada de liga de ZrO_2 foram melhorados para 660 Hv e 720 Hv, respetivamente, a partir da dureza do substrato de NiTi de 220 Hv.

Acompanhando o aumento da dureza, as resistências ao desgaste dos espécimes ligados à superfície foram melhoradas em cerca de seis vezes em comparação com o NiTi não tratado. A resistência à corrosão em solução de Hanks a 378°C também foi significativamente melhorada. Os resultados indicam que o desempenho da superfície do NiTi pode ser melhorado através da liga de superfície a laser com ZrO_2 e Mo. Poderá ser uma potencial técnica de tratamento de superfície para implantes médicos de NiTi.

Vojtech (2010) [14] estudou a influência do tratamento térmico da liga NiTi com memória de forma nas suas propriedades mecânicas, com o objetivo de determinar as propriedades mecânicas do nitinol tratado termicamente a cerca de 500°C. A temperatura de 500°C foi selecionada porque, no fabrico de endopróteses, a moldagem é um passo geralmente realizado a cerca de 500°C. Verificou-se que os tratamentos térmicos do fio de nitinol reto recozido a temperaturas moderadas influenciam fortemente a sua resistência à tração e a tensão de transformação. As temperaturas de recozimento entre 410-460°C melhoram a resistência até certo ponto. A temperaturas superiores a 485°C, o fio comporta-se de forma oposta, ou seja, a resistência diminui. O desenvolvimento observado das propriedades mecânicas e do comportamento de transformação está relacionado com os processos de precipitação que ocorrem no fio durante o tratamento térmico.

2.3 Liga com memória de forma à base de cobre

V. Recarte et al (2002) [15] investigaram a influência da concentração de Al e Ni na transformação martensítica em ligas com memória de forma Cu-Al-Ni. As temperaturas de transformação martensítica e os tipos de fases martensíticas foram determinados numa ampla gama de concentrações de interesse tecnológico para as ligas com memória de forma Cu-Al-Ni (SMAs). Verifica-se que quando o teor de alumínio aumenta, a transformação muda de p3 ^p' , $p_{(3)}$ ^ y'_3, com uma gama de concentração intermédia onde ambas as martensites coexistem devido a uma transformação p3 ^ y'_3 + P'_3. Por outro lado, um aumento do teor de níquel estabiliza a martensite P'_3, passando de uma transformação mista P3 ^ y'_3 + P'_3 para uma única transformação P3 ^P'_3. Para além disso, foram obtidas relações lineares entre *Ms* e as concentrações de Al e Ni para todos os tipos de fases martensíticas. A temperatura global *Ms* foi ajustada a uma equação linear, que mostra uma forte dependência da concentração de alumínio (-170 °C/wt pct) e uma ligeira dependência da concentração de níquel (-19 °C/wt pct).

P. Blanc e C. Lexcellent (2004) [16] trabalharam na modelação micromecânica do comportamento de uma liga com memória de forma CuAlNi. É apresentado um modelo micromecânico simples para prever a transformação de fase entre austenite e uma martensite geminada (ou processo de reorientação de plaquetas de martensite) para monocristais de SMA. As previsões estão em boa concordância com as curvas de tração experimentais obtidas em três monocristais de Cu-Al-Ni com três orientações diferentes. Além disso, a curva de iniciação da transformação de fase (ou reorientação) pode ser prevista no espaço de tensão para carga proporcional em policristais de Cu-Al-Ni. A martensite HPVs fundada permite calcular (como temos um caso de carga uniaxial) a deformação de transformação *y,* e as tensões de transformação *2AM* e *2MA.* O módulo de tensão a 40◦ C é dado por Shield.

Z. Li et al (2005) [17] estudaram a liga com memória de forma Cu-Al-Ni-Mn processada por liga mecânica e metalurgia do pó, prensagem a quente em vácuo e extrusão a quente. A análise por SEM e por difração de raios X foi utilizada para caraterizar os pós pré-ligados e a solução da amostra extrudida a quente tratada a 850◦ C durante 10 min e depois temperada com água. A recuperação da memória de forma da amostra temperada é medida em 100%, uma vez que é recuperada em água a ferver durante 40 s após ter sido deformada a 4,0%, e a recuperação da memória de forma da amostra mantém-se a 100% quando é sujeita a deformação e recuperação durante 100 ciclos de tempo.

A. Ibarra et al (2005) [18] estudaram a caraterização termo-mecânica de ligas com memória de forma Cu-Al-Ni elaboradas por metalurgia do pó, esta liga foi fabricada por metalurgia do pó para ultrapassar os inconvenientes observados em amostras produzidas por fundição convencional. Este método introduziu melhorias nas propriedades mecânicas e termomecânicas da liga; no entanto, não permitiu um controlo preciso da composição e, por sua vez, das temperaturas de transformação das ligas. Para um melhor controlo deste parâmetro, foi introduzida uma etapa adicional, a liga mecânica. Este trabalho apresenta a caraterização das ligas obtidas pelo método melhorado. Em comparação com as amostras produzidas por outros métodos, foram observados indícios de um comportamento termo-mecânico semelhante (efeito superelástico e pseudo-elástico) nestas amostras. As martensitas obtidas foram as esperadas de acordo com a literatura. No que respeita às propriedades termomecânicas, foram observados indícios de um melhor comportamento termomecânico (efeito super-elástico e pseudo-elástico) nestas amostras, do que os observados noutras ligas produzidas por metalurgia do pó. A transformação pode ser induzida, sem qualquer fissura na amostra, a uma temperatura quase 70° C superior à *Af* e as ligas podem suportar tensões superiores a 400MPa. *oc* é reduzido em cada ciclo. A tensão durante a transformação para a frente aumenta a partir de 3,5%, provavelmente devido à necessidade de uma tensão mais elevada para se aproximar dos limites e estas desvantagens produzem um aumento da densidade de deslocações próximo de . Esta modificação pode gerar TWSME.

N. Suresh e U. Ramamurty (2006) [19] trabalharam sobre o efeito do envelhecimento no comportamento mecânico de ligas monocristalinas com memória de forma Cu-Al-Ni. A resposta mecânica de ligas monocristalinas com memória de forma Cu-Al-Ni envelhecidas na fase p (parental) foi investigada a temperaturas acima e abaixo do regime de transição. Foram examinadas duas ligas, uma em condições austeníticas (liga A) e a outra em condições martensíticas (liga M) no estado de crescimento à temperatura ambiente. Foram avaliadas as respostas à tração e à compressão e a sua variação com o envelhecimento. Com o envelhecimento, ocorrem transições martensíticas sucessivas (P'_1 -- Y'_1) em ambas as ligas e formação de precipitados (y_2) na liga A. O carregamento por compressão das amostras envelhecidas mostra uma grande histerese mecânica e a estabilização da martensite y'_1, que resulta em deformação permanente após o descarregamento. Para além disso, observa-se um aumento percetível da tensão crítica para a transformação nas amostras envelhecidas em relação à amostra revenida. Em tensão, as amostras envelhecidas a baixa temperatura (473 K) mostram um aumento da tensão crítica de transformação na liga

M. As diferenças nas caraterísticas de histerese tensão-deformação das ligas ensaiadas a várias temperaturas indicam a presença de diferentes tipos de martensite (P' 1- y'ı) nas duas ligas.

U. Sari e T. Kirindi (2007) [20] estudaram a influência da deformação e dos tratamentos térmicos na microestrutura e nas propriedades mecânicas sob o ensaio de compressão da liga com memória de forma Cu-11,92 wt.%Al-3,78 wt.%Ni por meio de microscopia eletrónica de varrimento (SEM), microscopia eletrónica de transmissão (TEM) e calorímetro diferencial de varrimento (DSC).

As experiências mostram que as propriedades mecânicas da liga podem ser melhoradas através de tratamentos térmicos convenientes. A liga apresenta boas propriedades mecânicas com elevada resistência à compressão final e ductilidade após recozimento a alta temperatura. No entanto, apresenta uma fratura frágil e um endurecimento por deformação dramático, com um comportamento linear tensão-deformação após recozimento a baixa temperatura. As alterações nas propriedades mecânicas foram relacionadas com a evolução do grau de ordem.

Z. Xiao et al (2007) [21] tratam das condições de fabrico de pó de liga Cu-Al-Ni- Mn por liga mecânica e metalurgia do pó. O pó de ligado mecanicamente (pó MAed) foi fabricado a uma velocidade entre 100 e 300 rpm para vários tempos de moagem com e sem agente de controlo do processo (PCA). Com um aumento do tempo de moagem, o tamanho do grão cristalino diminui. Apenas o padrão de difração do Cu aparece à medida que a velocidade de rotação aumenta para 300 rpm durante 25 h. Os pós elementares com PCA aglomeram-se ligeiramente, mas o grau de liga é inferior ao dos pós sem PCA. A recuperação da memória de forma da amostra temperada extrudida a quente a uma taxa de extrusão de 50:1 é medida como sendo 100% recuperada em 250 C°

S. Casciati (2007)[22] efectuou uma otimização do tratamento térmico de uma liga com memória de forma à base de cobre, tendo o trabalho incidido sobre uma liga com memória de forma de composição Cu-Al-Be. A liga é moldada em lingotes que são depois transformados em elementos estruturais adequados, tais como fios, barras ou placas. Um ensaio mecânico do material, nesta fase da produção, mostra um diagrama histerético super-elástico que se deteriora à medida que os ciclos de carga-descarga são repetidos. De facto, durante cada ciclo, há uma tendência para produzir martensite que resulta em deformações residuais.

Este estudo reúne alguns resultados experimentais obtidos através da realização de ensaios de tração e de torção a diferentes temperaturas e para diferentes tratamentos térmicos. Todos os ensaios evidenciam a propriedade de re-centragem da liga, o que prova a sua capacidade de auto-regeneração. De facto, a caraterística super-elástica da liga permite recuperar a deformação após o fim da vibração externa.

banho de óleo durante 40 s depois de deformada a 4,0%. Após envelhecimento a 120 °C durante 10 dias, a recuperação da memória de forma da liga mantém-se em 98%.

A. K. e Zuheir T (2010) [23] examinaram o desgaste por deslizamento a seco e o comportamento de corrosão de Cu + 13% em peso de Al + 3,8% em peso de Ni, que foi preparado por metalurgia do pó. O comportamento de corrosão em solução de NaOH a 5 wt% com base em potenciostática (Tafel) foi apresentado para a liga com memória de forma de base (Cu + 13% Al + 3,8% Ni) em dois casos de estados de fase austenítico e martensítico. Além disso, o efeito das adições de Fe (0,4, 0,8 e 1,2 % em peso) no desgaste por deslizamento e no comportamento de corrosão da liga de base também foi estudado. é claro que a liga com memória de forma Cu Al Ni no estado martensítico tem mais resistência ao desgaste do que na estrutura austenítica. Além disso, as resistências à corrosão são melhores do que na estrutura martensítica, porque a liga tem uma densidade de corrente de corrosão de 336,45 pA/cm2 no estado martensítico, enquanto a densidade de corrente de corrosão é de 633,62 pA/cm2 na estrutura austenítica.

N. Cimpoe^u et al (2010) [24] trabalharam na simulação de uma liga com memória de forma à base de cobre sob uma solicitação externa, um valor elevado de fricção interna especialmente no domínio das temperaturas de transformação martensítica. Com a devida consideração pelas propriedades do material, utilizando o software de simulação, as tensões nodais de von Misses foram avaliadas com cargas externas. Os dados de entrada utilizados neste estudo foram determinados experimentalmente utilizando um analisador mecânico dinâmico.

Os resultados mostram diferenças de comportamento, especialmente os valores das tensões nodais internas,

S.Casciati e Alessandro Marzi (2011) [25] investigam o tempo de vida à fadiga de espécimes de liga com memória de forma à base de cobre sob a forma de barras, tendo em vista a sua utilização em dispositivos passivos para aplicações de controlo estrutural. Na aplicação prevista, o valor de pré-tensão atribuído às barras SMA é selecionado de modo a ser apenas ligeiramente modificado quando ocorrem variações de deformação dentro de um intervalo operacional. Esta condição exige que os ciclos de fadiga sejam realizados em controlo de vão, ao contrário da prática comum de realizar os ensaios em controlo de carga para estudar o comportamento à fadiga de metais tradicionais como o aço. São realizadas várias experiências a diferentes temperaturas em diferentes gamas de deformação e os resultados são organizados com o objetivo de construir modelos de fadiga adequados.

S.K. Vajpai et al (2011) [26] estudaram as propriedades das tiras de Cu-Al-Ni SMA com tamanho de grão inferior a 100 pm, que foram preparadas com sucesso através de uma nova rota de metalurgia do pó que envolveu a laminagem por densificação a quente de pré-formas de pó sinterizado sem bainha preparadas a partir de pó de Cu-Al-Ni pré-ligado atomizado com árgon. Foi demonstrado neste estudo que as tiras de Cu-Al-Ni laminadas a quente apresentam um crescimento muito pequeno do grão durante o tratamento térmico a 950◦ C até 4 h. Este comportamento é atribuído ao efeito de fixação da alumina de tamanho nanométrico segregada nos limites do grão. Foi estabelecido que o tamanho do grão das tiras de Cu-Al-Ni acabadas é regido pelo tamanho da partícula do pó inicial, e o mecanismo deste aspeto foi discutido. As tiras de liga Cu-Al-Ni tratadas termicamente consistem em grãos de forma alongada, com tamanho médio de grão de aproximadamente 27 pm. As tiras tratadas termicamente eram de natureza totalmente martensítica, consistindo em martensite Pı auto-acomodada juntamente com uma pequena quantidade de martensite Y1.

2.4 Resumo

O conceito de materiais inteligentes, as suas propriedades extraordinárias e a sua aplicação na medicina, na engenharia civil e na engenharia mecânica levaram à procura de novos materiais e tecnologias para novas aplicações possíveis.

A comutação reversível entre as fases nas SMAs e as alterações associadas nas propriedades eléctricas, térmicas e mecânicas permitem aplicações engenhosas para melhorar . Até à data, cerca de 30 ligas apresentam um efeito de memória de forma. Por conseguinte, pertencem ao grupo das SMAs **[27].**

Neste estudo, foi selecionada uma liga com memória de forma à base de cobre com a combinação de Cu-Al-Ni, tendo em consideração todos os resultados científicos, procedimentos e parâmetros que foram bem analisados e que podem ser resumidos como se mostra abaixo:

1- As ligas com memória de forma podem ser fabricadas com sucesso através da técnica de metalurgia do pó.
2- A liga com memória de forma pode ser produzida por indução eléctrica ou forno a laser.
3- A liga com memória de forma pode ser produzida por forno de vácuo controlado ou por gás interno.
4- Os tratamentos térmicos são um parâmetro muito crítico para revelar o efeito de memória de forma e estabilizá-lo.
5- A liga com memória de forma à base de cobre é uma boa escolha para a produção de actuadores e sensores termomecânicos.
6- As propriedades mecânicas e físicas do SMA à base de cobre podem ser melhoradas através da adição de uma pequena quantidade de metais à liga principal.

Capítulo III

Considerações teóricas

3.1 Transformação martensítica em SMA à base de Cu

Na ausência de aquecimento ou arrefecimento, a SMA encontra-se à temperatura ambiente. Esta temperatura define o estado de fase em que a liga é estável sem atuação térmica e quais as mudanças de fase que podem ser esperadas sob atuação térmica e carga mecânica. Para aplicações externas em estruturas civis, podemos assumir que a temperatura ambiente se situa entre -20°C~ no inverno e 60°C~ sob radiação solar extrema no verão. Limites alternativos para este intervalo podem ser relevantes para aplicações em interiores ou para condições climatéricas especiais. As temperaturas de transformação aumentam com o aumento das tensões externas, como mostra a Fig. 3-1 . Também a Fig. 3-2 mostra a formação da rede após aquecimento e arrefecimento e a fração de fase martensítica z é utilizada em função da temperatura. Isto pode ser útil para a descrição das propriedades do material em função da temperatura **[27].**

As transformações martensíticas podem ser induzidas por tensões mesmo superiores a Ms .

Num material que exibe uma transformação martensítica termoelástica, o SIM torna-se instável a temperaturas superiores a Af sem tensão e, após a descarga, reverte imediatamente para a fase-mãe. Para além da transformação do SIM e da sua reversão, o material exibe uma elasticidade não linear que é caracterizada por curvas tensão-deformação (S-S) fechadas **[28]**

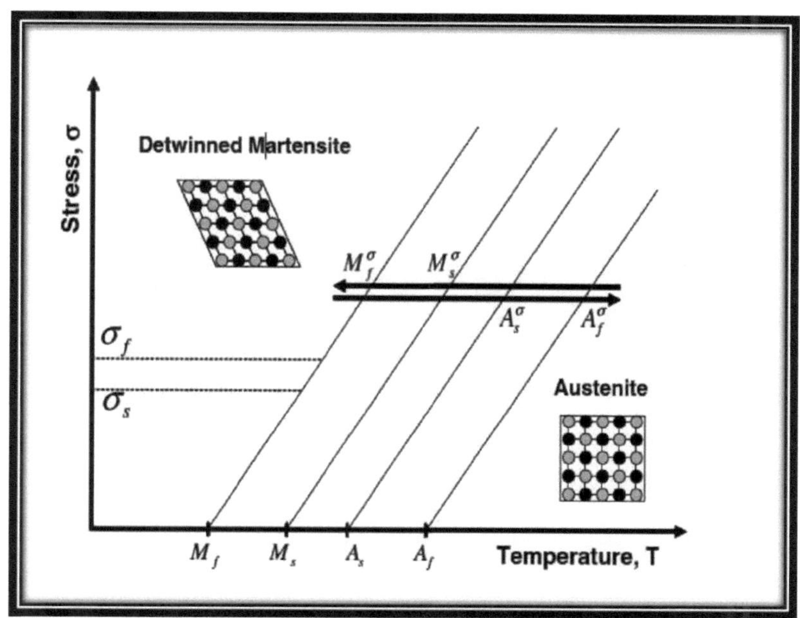

Figura 3-1 Comportamento típico da SMA em ensaios de tração e aplicações de flexão[27]

As temperaturas de transformação para diferentes tipos de SMAs podem variar consideravelmente. Dependem fortemente da composição da liga, do tratamento termomecânico durante o processamento, bem como do valor e da forma da carga mecânica.

é importante considerar se o estado de fase tem de ser garantido sob uma determinada carga mecânica. O número de ciclos de carga ou a taxa de carga também podem ter um efeito sobre as temperaturas de transformação.

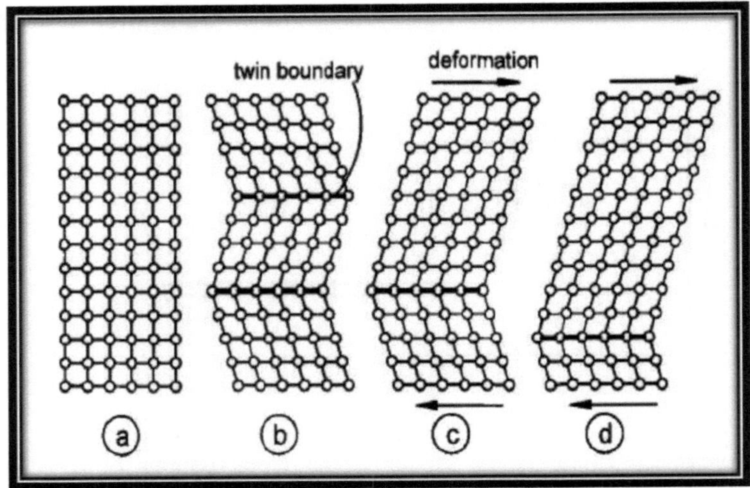

Figura 3-2 - Formação e deformação da martensite num SMA termoelástico: estrutura cristalina anstenítica a T>Ms (a), martensite auto-acomodada quando arrefecida abaixo de Mf (b), reorientação das variantes gémeas quando deformada a T<Mf (c), deslocamento das fronteiras gémeas e formação de martensite mono-variante a T<Mf (d). **[27]**

3.2 Efeito de memória da forma

A forma mais conhecida de comportamento de transformação explorada nos SMAs é a mudança de forma induzida termicamente, frequentemente designada por efeito de memória de forma (SME). Um componente de material pode ser deformado, ou esticado, a baixas temperaturas e, quando aquecido, inverte esta deformação e recorda a sua forma pré-esforçada. A fase de martensite deformável a baixa temperatura transforma-se numa fase de austenite mais estável a temperaturas mais elevadas. Esta transformação ocorre numa gama de temperaturas, conhecida como gama de temperaturas de transformação (TTR). Este intervalo para o Nitinol (Ni-Ti) é de aproximadamente 30 a 50°C, e é também conhecido como histerese de temperatura. A temperatura As (início austenítico) é o início da transformação em austenite após o aquecimento, a Af (fim austenítico) é o fim da transformação em austenite, Ms (início martensítico) é o início da transformação martensítica após o arrefecimento e Mf (fim martensítico) é o fim da transformação em martensite. Uma curva típica de tensão-deformação da SMA, representada na Fig. 3-3 A, demonstra o comportamento da memória de forma a temperaturas abaixo da temperatura Mf do material. Um exemplo esquemático de uma aplicação de memória de forma é apresentado na Fig. 3-3 B **[29]**.

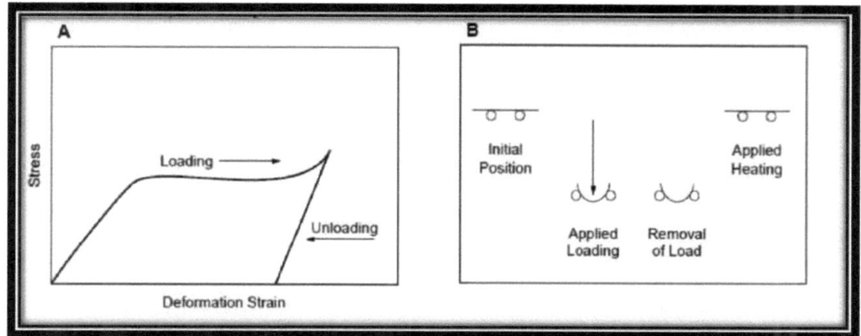

Figura 3-3 Comportamento típico da SMA em ensaios de tração e aplicações de flexão: **(a)** curva tensão-deformação de um material com memória de forma (martensite), **(b)** esquema de uma aplicação de memória de forma, **[29]**

As ligas com memória de forma podem também ser treinadas para exibir um efeito de memória de forma bidirecional. Semelhante ao efeito térmico de memória de forma, a memória de forma bidirecional (TWSM) requer um processamento termomecânico especial para conferir memória de forma nas fases martensítica e austenítica. Uma forma treinada na fase austenítica reverte para uma segunda forma treinada após o arrefecimento, permitindo ao material alternar entre duas formas diferentes. Este TWSM é teoricamente ideal para muitas aplicações de memória de forma; contudo, as utilizações práticas são limitadas devido à instabilidade do comportamento e aos requisitos de processamento complexos**[29]**.

3.3 Efeito superelástico.

Este efeito, também conhecido como pseudoelástico, descreve as deformações do material que são recuperadas isotermicamente para produzir um comportamento mecânico de memória de forma.

O fenómeno é essencialmente o mesmo que o efeito térmico de memória de forma, embora a transformação de fase em austenite (Af) ocorra a temperaturas inferiores à temperatura de funcionamento prevista.

Se a fase austenítica for deformada por uma carga aplicada, é induzida uma fase martensítica por tensão e o processo de geminação ocorre como se o material tivesse sido arrefecido à sua temperatura martensítica. Quando a carga aplicada é removida, o material prefere inerentemente a fase austenítica à temperatura de funcionamento e a sua deformação é instantaneamente recuperada. A Fig. 3-4A apresenta uma curva típica de tensão-deformação e a Fig. 3-4B mostra um exemplo esquemático de uma aplicação superelástica. A curva tensão-deformação indica uma diferença nos níveis de tensão durante o carregamento e o descarregamento, que é conhecida como histerese tensão-deformação superelástica. **[29]**

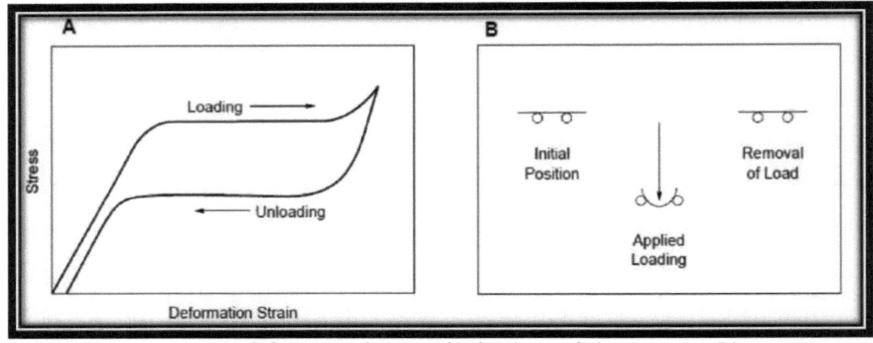

Figura 3-4 (a) curva tensão-deformação da superelástica (austenite) em tração, **(b)** comportamento superelástico numa aplicação de flexão. **[29]**

3.4 Efeito do elemento de liga nas ligas SMA

Desde a investigação inicial sobre as ligas AuCd e AgCd na década de 1930, passando pelo Nitinol descoberto pelos investigadores em 1963, até às composições mais recentes que estão a ser investigadas atualmente, foi investigada uma grande variedade de SMAs ao longo das últimas sete décadas. Foram fabricadas novas composições através da adição de diferentes elementos de liga às ligas existentes, proporcionando um catálogo de SMAs com uma variedade de propriedades à escolha. Esta vasta seleção proporciona aos projectistas uma grande flexibilidade na adaptação das propriedades da SMA para corresponder às restrições de uma determinada aplicação comercial. As ligas com memória de forma podem ser classificadas com base numa grande variedade de categorias: elementos de liga primários, modo de atuação (magnético, térmico), temperatura de funcionamento ou comportamento desejado **[30]**. Embora as SMAs de NiTi ofereçam excelentes propriedades pseudoelásticas e de SME e sejam biocompatíveis, são relativamente caras em comparação com as SMAs à base de Cu. A boa condutividade eléctrica e térmica, juntamente com a sua formabilidade, torna as SMAs à base de Cu uma alternativa atractiva ao NiTi. As ligas à base de cobre apresentam geralmente menos histerese do que o NiTi, sendo as temperaturas de transformação nas ligas à base de cobre altamente dependentes da composição. Por vezes, é necessária uma alteração precisa de 10 ^{3} para 10 $_{4}$ at.% para obter temperaturas de transformação reprodutíveis num intervalo de 5° C. As principais ligas à base de Cu encontram-se nos sistemas Cu-Zn e Cu-Al. Nesta secção, serão analisadas algumas das SMAs à base de Cu mais frequentemente utilizadas.

CuZnAl - As ligas binárias CuZn são muito dúcteis e têm resistência à fratura intergranular em comparação com outras ligas à base de Cu **[5]**. Estas ligas transformam-se para o estado martensítico a uma temperatura inferior à temperatura ambiente. A adição de alumínio à liga binária pode aumentar consideravelmente as temperaturas de transformação. Variando a composição do alumínio entre 5 wt.% e 10 wt.% pode deslocar a temperatura *Ms* de~ 180° C para 100° C.

No entanto, a fase-mãe apresenta uma forte tendência para se decompor nas suas fases de equilíbrio quando sobreaquecida ou envelhecida. Devido a este facto, as temperaturas de funcionamento são normalmente limitadas a cerca de 100° C. As temperaturas de transformação da liga são extremamente sensíveis à composição, e o zinco pode perder-se durante o processo de fusão. Devido a estes factores, o processo de fabrico da liga tem de ser controlado com precisão. As ligas CuZnAl são também muito sensíveis aos tratamentos térmicos, de tal forma que a taxa de arrefecimento pode levar à dissociação de fases ou à alteração das temperaturas de transformação. O seu comportamento mecânico está limitado a níveis de tensão de aproximadamente 200 MPa devido à baixa tensão crítica para o deslizamento. Dentro da gama operacional de tensões, a liga apresenta um SME perfeito e pseudoelasticidade, mas a deformação de transformação é limitada a cerca de 3-4% **[5]**. Uma vez que a liga CuZnAl é muito dúctil em comparação com outras ligas à base de Cu, são maioritariamente escolhidas para utilização em aplicações. *CuAlNi* - O CuAlNi é menos sensível aos fenómenos de estabilização e envelhecimento.

Tal como no caso do CuZnAl, as temperaturas de transformação do CuAlNi podem ser variadas alterando o teor de alumínio ou de níquel. Alterando a composição de alumínio entre 14 %wt e 14,5 %wt pode mudar a temperatura *Ms* de-140° C para 100° C. A mudança relativa nas temperaturas de transformação não é significativa e a histerese permanece razoavelmente constante. Uma vez que esta liga é mais difícil de produzir, o manganês é frequentemente adicionado para melhorar a sua ductilidade e o titânio é adicionado para refinar os seus grãos. No entanto, a principal limitação do sistema CuAlNi é a fraca ductilidade devido à fissuração intergranular. Este fenómeno também afecta o comportamento mecânico, de tal forma que o material se parte tipicamente a um nível de tensão de cerca de 280MPa. A deformação de transformação nestes materiais é limitada a 3%. O material também apresenta um comportamento cíclico muito pobre **[4]**. Desenvolvida mais tarde (1982), a liga CuAlBe tem sido estudada durante os últimos anos. Recentemente, estão a ser desenvolvidas várias outras SMAs à base de Cu, como a CuAlMn, que tem boa ductilidade, e a CuAlNb, que é adequada para aplicações a altas temperaturas.

3.5 Efeito do tratamento térmico

A diferença na temperatura de transformação após o aquecimento da primeira fase para a segunda fase (martinsite para austenite) e o arrefecimento da segunda fase para a primeira (austenite para martinsite) , resulta num atraso ou "lag" na transformação . esta diferença é conhecida como histerese .

A histerese da temperatura de transformação pode ser afetada por ligas, trabalho a frio e tratamento térmico **[31]**.

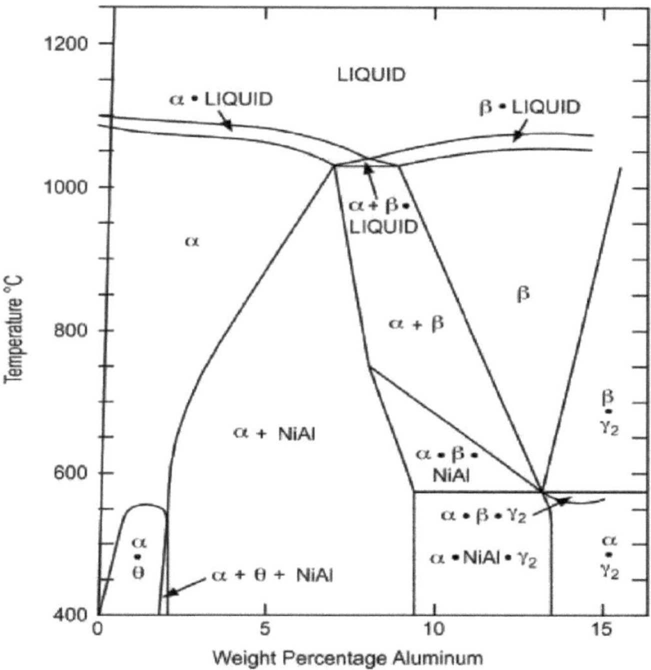

Figura 3-5 Diagrama de fases de Cu-Al-Ni em que o Ni tem 3% de peso

A utilização do diagrama de fases para Cu-Al-NI com uma percentagem fixa de Ni será útil para indicar a temperatura adequada para obter a fase martensítica (p), como se mostra na Fig. 3-5. A utilização de temperaturas elevadas para modificar a forma de um cristal único hiperelástico de uma liga como o CuAlNi (por exemplo, CuAlMn, CuAlBe, etc.) resulta normalmente na perda da cristalinidade única: a temperaturas elevadas, a precipitação de componentes elementares (especialmente AL) altera a composição. Por esta razão, os actuadores e as flexões concebidos para explorar a extraordinária recuperação de deformação destes materiais (9% de deformação) têm sido limitados à forma líquida (cilindros sólidos e tubulares) produzida durante a formação do cristal. No entanto, se o aquecimento e o arrefecimento ocorrerem num período de tempo muito curto (fração de segundo), a precipitação não progride o suficiente para causar uma alteração significativa na composição e as propriedades hiperelásticas podem ser mantidas. O arrefecimento, que consiste em baixar rapidamente a temperatura a partir de uma temperatura na qual os três componentes

Cu, Al e Ni estão em solução, é convencionalmente utilizado para "congelar" a composição, não permitindo que os componentes elementares formem precipitados. Se o arrefecimento for lento, estes precipitados removem átomos da rede cristalina e melhoram-na de forma a destruir a transformação de fase que conduz ao efeito de memória de forma. O arrefecimento rápido preserva a integridade desta solução **[32]** .

3.5 Técnicas de metalurgia do pó

O processo P/M é um método de produção rápido, económico e de grande volume para fabricar componentes de precisão a partir de pós. No entanto, existem várias técnicas de consolidação relacionadas, através das quais os pós podem ser laminados em folhas, extrudidos em barras, etc., ou compactados isostaticamente em peças de geometria mais complexa.

Na última década, a tecnologia de forjamento de pós estabeleceu-se para o fabrico de pós em peças de engenharia precisas, com propriedades comparáveis às das peças forjadas convencionais. A Fig. 3-6 mostra o fluxograma geral do processamento da metalurgia do pó **[33]**.

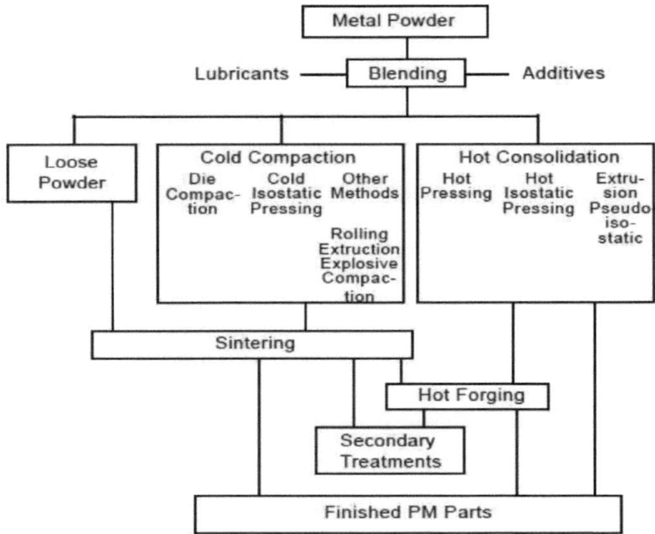

Figura 3-6 Etapas básicas do processo de metalurgia do pó **[33]**

O processo P/M é muitas vezes mais competitivo do que outros métodos de fabrico como a fundição, a estampagem ou a maquinagem. O P/M é a escolha certa quando os requisitos de força, resistência ao desgaste ou temperaturas de funcionamento elevadas excedem as capacidades das ligas de fundição sob pressão. O P/M oferece uma maior precisão, eliminando a maioria ou a totalidade das operações de maquinagem de acabamento necessárias para as peças fundidas. Evita defeitos de fundição, tais como furos, retração e inclusões.

Quase todos os metais de importância técnica reagem com o gás da sua atmosfera circundante mesmo à temperatura ambiente, mas mais ainda quando tratados a temperaturas mais elevadas. A razão mais importante para a utilização de atmosferas de sinterização especiais é a proteção contra a oxidação e re-oxidação dos pós metálicos sinterizados. Podem ser utilizadas diferentes atmosferas de sinterização, começando pelo vácuo **[33]**.

3.6 Resistência ao desgaste por deslizamento para SMA

Recentemente, vários estudos experimentais sobre o desgaste da SMA indicam que esta é superior aos materiais resistentes ao desgaste comuns **[34]**. Por exemplo, Richman et al descobriram, a partir dos seus testes experimentais, que as ligas de NiTi, uma SMA típica, são muito mais resistentes à erosão por cavitação do que mesmo os melhores aços inoxidáveis. Jin e Wang descobriram nas suas experiências que a resistência ao desgaste por deslizamento do NiTi é melhor do que a da liga de aço 38CrMoA1A nitretada**[35]**. Alguns investigadores acreditam que a elevada resistência ao desgaste desta liga se deve principalmente à sua superelasticidade ou pseudo-elasticidade. Por exemplo, Li, em vários artigos publicados, refere que a elevada resistência ao desgaste da liga NiTi é atribuída principalmente à sua pseudo-elasticidade única **[36]**. Se a recuperação da grande deformação devida à transformação direta e inversa, ou seja, a superelasticidade, é a principal razão para a elevada resistência ao desgaste da austenite NiTi, então é de esperar que a martensite NiTi, que não pode demonstrar um comportamento superelástico, tenha um comportamento ao desgaste mais fraco. Este resultado experimental implica que a superelasticidade pode não ser a única razão para a maior resistência ao desgaste do NiTi. Liang et al **[37]** salientaram que "parece, portanto, pouco razoável enfatizar simplesmente o papel da pseudoelasticidade no comportamento de desgaste das ligas de NiTi". De um ponto de vista mecânico, o desgaste de materiais metálicos é definido como a remoção de material da superfície devido a um contacto mecânico cíclico, quer por contacto de deslizamento no desgaste adesivo e abrasivo, quer por impulsão de partículas no desgaste por erosão, e tem origem na deformação plástica.

A deformação plástica e a acumulação de deformação plástica devido a cargas cíclicas dão origem a microfissuras na superfície e, eventualmente, à formação de resíduos de desgaste. Por conseguinte, a resistência ao desgaste de um material dúctil pode ser avaliada pela sua capacidade de deformação plástica em condições de desgaste.

Em determinadas condições de carga de contacto, se for difícil gerar uma deformação plástica num material, espera-se que esse material possua uma elevada resistência ao desgaste. Geralmente, num problema de contacto, a pressão máxima de contacto, em vez da força total de contacto, determina diretamente a tensão máxima que desencadeia a deformação plástica. Por exemplo, a tensão de corte máxima é igual a 0,3 da pressão de contacto máxima num problema de contacto de deformação plana entre dois corpos cilíndricos **[36]**. Por conseguinte, a pressão máxima de contacto pode ser utilizada para avaliar o início da deformação plástica nos materiais. Com base no mecanismo de desgaste da acumulação plástica e na análise micromecânica, foi recentemente estabelecido um modelo de desgaste baseado em cálculos **[38]**.

De acordo com este modelo, a acumulação de deformação plástica, que determina a taxa de desgaste, em condições de deslizamento é muito sensível à pressão máxima de contacto.

Por exemplo, a Fig. 3-7 mostra a variação da taxa de desgaste normalizada, W / f e , com a pressão de contacto máxima normalizada, po / k c , em que kc é a resistência ao cisalhamento do material. A taxa de desgaste aumenta drasticamente quando a pressão máxima $P0$ aumenta de 3,75 para 4,5 vezes a resistência ao cisalhamento. O efeito crescente da pressão máxima na taxa de desgaste também foi obtido a partir de ensaios experimentais de desgaste, ver **[34]**. Por conseguinte, a pressão máxima, em vez da carga total aplicada, é uma variável-chave para iniciar a deformação plástica e para avaliar a taxa de desgaste.

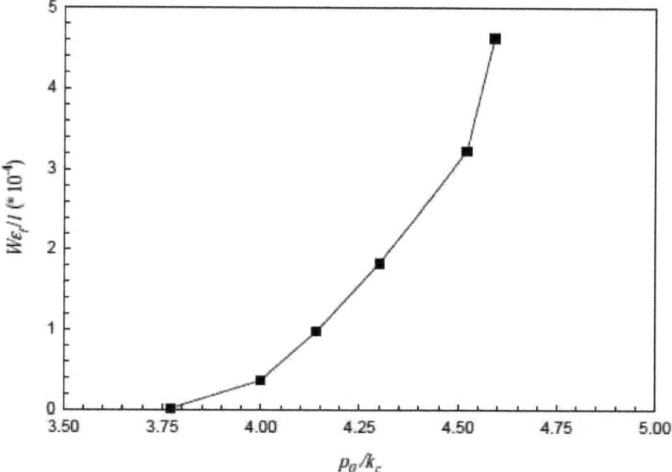

Figura 3-7: Influência da pressão máxima de contacto na taxa de desgaste por deslizamento **[34]**.

Capítulo IV

Trabalho experimental

4.1 Vista geral

Neste capítulo, ilustra-se brevemente o equipamento dos materiais e todos os ensaios que foram implementados, começando com a preparação dos materiais e o procedimento de fabrico das amostras e terminando com os ensaios físicos e mecânicos.

4.2 Fabrico de amostras

À luz das considerações teóricas do capítulo anterior, verificaram-se as vantagens da técnica de metalurgia do pó, pelo que se optou por esta técnica para fabricar as amostras de ligas com memória de forma, uma vez que a operação se divide em: preparação do pó, mistura, compactação e sinterização.

4.2.1 Preparação do pó

Todos os pós elementares utilizados neste estudo foram importados de (SkySpring Nanomaterials, Inc. USA) com uma pureza de 99,9% e um tamanho médio de partículas de 45 mícrones (-325 mesh), embora o material tenha sido recebido com certificado de qualidade.
todo o material foi inspeccionado quanto à sua pureza com um dispositivo de decomposição química e um analisador de tamanho de partículas, tendo todos os resultados sido certificados como se mostra no apêndice A-.

4.2.2 Mistura de pós

Os pós foram pesados em conformidade e colocados em recipientes cilíndricos que foram depois misturados num misturador de barril horizontal. Este misturador foi construído especialmente para ser utilizado neste estudo. O mecanismo mecânico foi retirado de uma impressora antiga, que consiste em dois veios rotativos acionados por um motor de corrente contínua, tendo sido feito um suporte para estes componentes. Foi adicionado um cilindro metálico no exterior dos veios, que terá a forma mostrada na fig. 4-1. Por fim, foi adicionada uma fina camada de silicone ao cilindro para ajudar a fricção entre o misturador e o recipiente de mistura e evitar o deslizamento.

Os pós preencheram apenas 50% do recipiente **[39]** e foi adicionado 1% de acetona (por volume) para aumentar a segregação e evitar a separação dos componentes (uma vez que há diferença nas densidades). Não foram utilizadas bolas para ajudar a segregação, a fim de evitar o processo de moagem e a contaminação do pó, a velocidade do tambor rotativo foi fixada em 75 rpm **[40]** e o tempo de mistura foi de 6 horas.

Figura 4-1: Misturador de tambor horizontal

Foram utilizados três aditivos elementares em pó em três percentagens de peso diferentes, que se encontram listados na Tabela 4-1 e aos quais foi atribuída uma letra de notação para facilitar a identificação das amostras representadas nas curvas e figuras que serão apresentadas no quinto capítulo.

Tabela 4-1: notação para amostra com elemento de liga

Weight percentage	0.3%	0.6%	0.9%
Chromium addition	C1	C2	C3
Niobium addition	N1	N2	N3
Tantalum addition	T1	T2	T3

4.2.3 Compactação

As amostras de (14 mm de diâmetro e 5 mm de espessura) e (11 mm de diâmetro e 16,5 mm de comprimento) foram preparadas utilizando uma máquina de prensagem uniaxial computorizada com uma capacidade de carga de 1000 KN, como se mostra na Fig. 4-2, localizada na Organização Central de Normalização e Controlo de Qualidade.

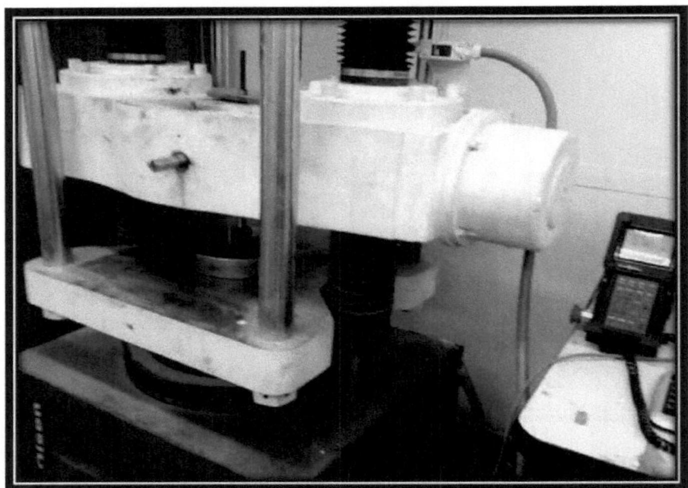

Figura 4-2: Máquina de prensagem uniaxial

Foi utilizada uma taxa de deslocamento de 0,01 mm/min para dar tempo suficiente para que o ar retido na matriz saia, o que produzirá uma porosidade homogénea e mínima nas amostras. Um tempo de retenção de 2 minutos foi utilizado para evitar o retorno instantâneo do pó compactado.

A quantidade de pressão de compactação que será implementada para obter a amostra verde , foi decidida de acordo com a percentagem de porosidade % (por volume) e a densidade aparente que será ilustrada no próximo capítulo (resultados e discussão). Todas as amostras foram comprimidas a 650MPa com a ajuda de uma ferramenta de aço Dies mostrada na Fig. 4-3 e as amostras verdes resultantes são mostradas na Fig. 4-4.

Figura 4-3: Ferramentas de compactação

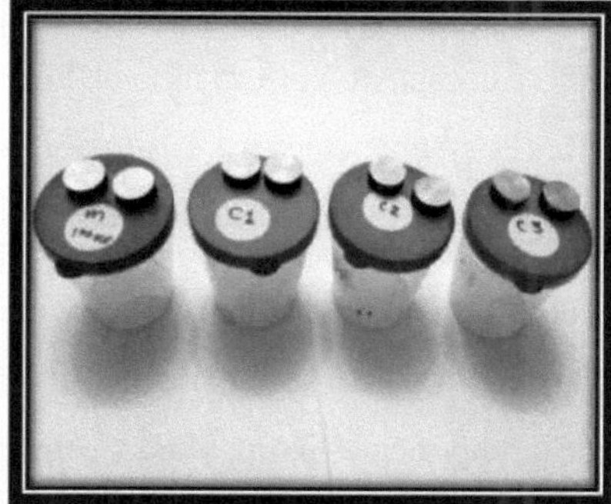

Figura 4-4: Amostras verdes

4.2.4 Sinterização

O forno de tubos eléctricos foi fabricado e utilizado especialmente para este tipo de fabrico de amostras de acordo com as especificações da (marca comercial Carbolite UK). Como se pode ver no apêndice A, este forno está equipado com um tubo de quartzo selado e um sistema de bomba de vácuo, como se mostra na Fig.4-5

Figura 4-5: Forno tubular elétrico com tubo de quartzo de vácuo

Este forno é composto por um tubo de alumina que é o principal componente do forno, um fio de resistência eléctrica é enrolado nele com uma distância adequada entre cada linha de enrolamento, que actuará como o elemento de calor.

Em seguida, uma pequena camada de cimento térmico cobre o fio para o proteger da oxidação e para o manter no lugar. Finalmente, uma manta cerâmica térmica cobre todos os componentes com várias camadas para isolar o forno da perda de calor durante o funcionamento.

Foi utilizado um acoplamento térmico externo do tipo K com um controlador digital para controlar a temperatura do forno. As Fig. 4-6 mostram os componentes de construção do forno tubular.

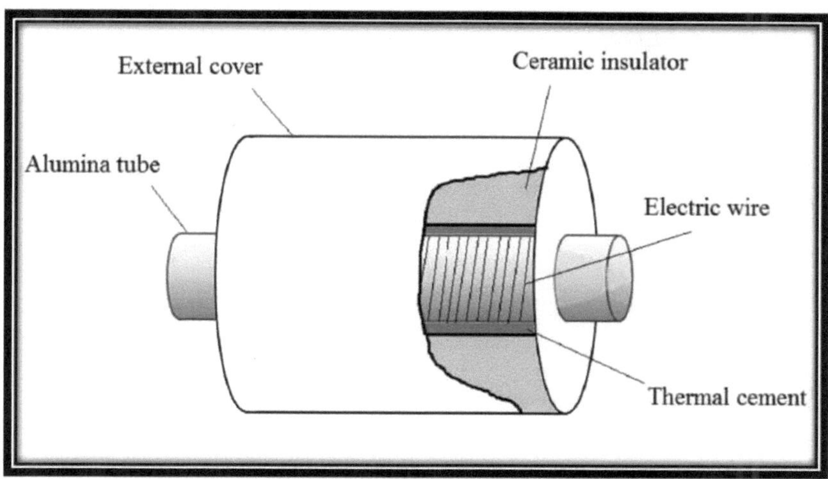

Figura 4-6: Componentes do forno tubular elétrico

A sinterização em duas fases foi implementada uma vez que existe uma diferença no ponto de fusão dos componentes da liga, o que evita o aparecimento de sinterização em fase líquida. A primeira fase consiste em sinterizar a amostra a 500 °C durante 1 hora e é seguida pela segunda fase, que consiste em aumentar a temperatura para 850 °C com um tempo de imersão de 5 horas e, em seguida, a amostra sinterizada é deixada a arrefecer no forno.

Todos os intervalos de temperatura para os dois estágios e o tempo de empacotamento para eles foram tomados de acordo com uma tentativa e erro anterior até obter a melhor produção de amostra com o tempo mínimo que não tem rachaduras ou deixou partículas não sinterizadas na estrutura.

É mantida uma taxa de aquecimento de 20°C/min para a primeira fase e de 15°C/min para a segunda fase, como se mostra na Fig.4-7 . A pressão de vácuo foi sempre deixada a atingir 3x10-6 bar antes da sinterização e durante todo o processo de sinterização e arrefecimento. A bomba de vácuo de dupla fase foi deixada a funcionar durante todo o tempo de sinterização para aspirar os gases nocivos produzidos durante a difusão das partículas que poderiam afetar a eficiência da sinterização.

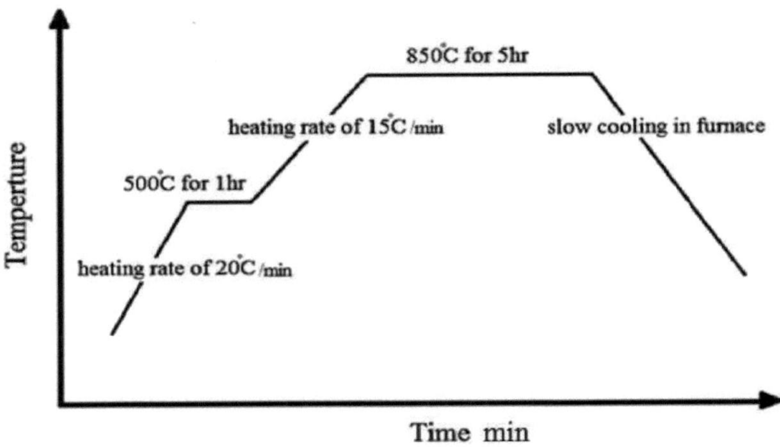

Figura 4-7: Diagrama do processo de sinterização

A Fig.4-8 a,b mostra os dois tipos de amostras sinterizadas após moagem com papel de moagem de granulometria (800,1000,1200) e polimento da amostra com papel de pano e pó de alumina (0,3 mícron) para a preparar para os ensaios de microestrutura, mecânicos e físicos.

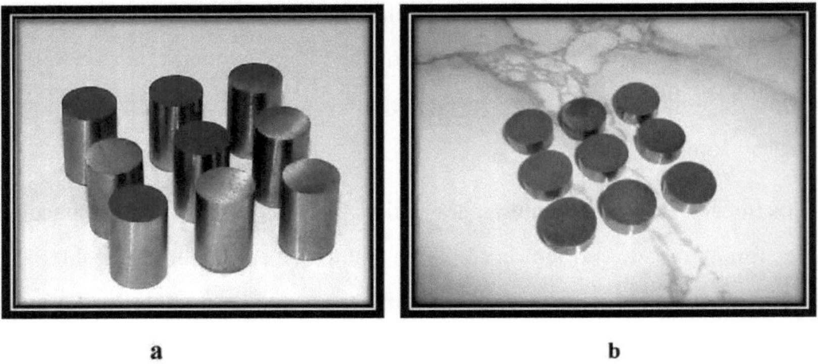

a b

Figura 4-8: Amostras sinterizadas **a-** Amostras cilíndricas, b- Amostras planas redondas

4.2.3 Tratamento do calor

Após a sinterização, todas as amostras foram temperadas para obter a fase B, que é $AlCu_3$ (martensita), aquecendo a amostra sinterizada a 800 °C **[41]** e mantendo-a a esta temperatura durante 1 hora e depois arrefecendo rapidamente em água gelada, a Fig.4-9 mostra o esquema deste processo

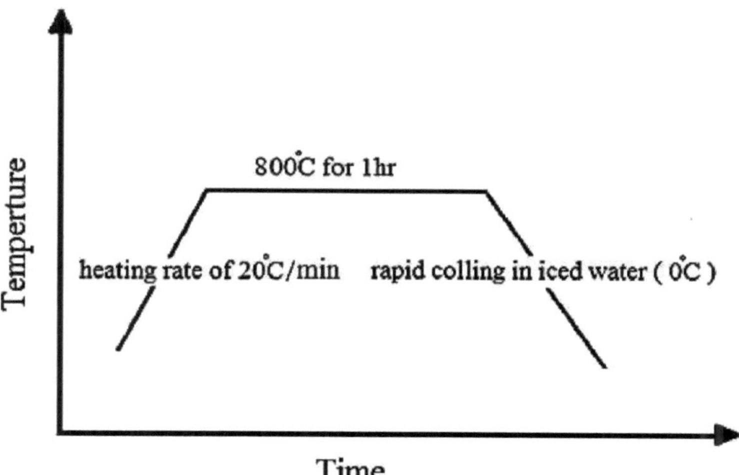

Figura 4-9: Ciclo de tratamento térmico de têmpera

Após o processo de têmpera, foi implementado um tratamento térmico de envelhecimento para estabilizar a fase B, aquecendo a amostra a 100°C e mantendo nesta temperatura por 2 horas **[41,42]** mostrado na Fig.4-10.

O processo de arrefecimento e envelhecimento também foi implementado em atmosfera de vácuo para evitar a oxidação.

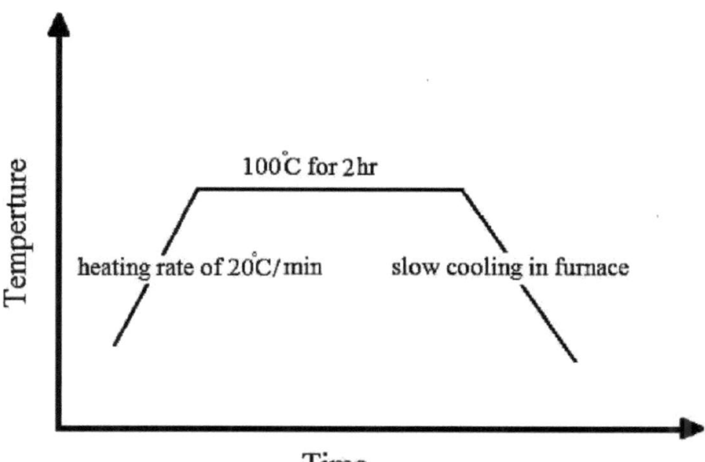

Figura 4-10: Ciclo de tratamento térmico de envelhecimento

4.3 Testes físicos

A fim de investigar as propriedades mecânicas e as diferenças entre as ligas, foram efectuados alguns ensaios físicos, também para verificar o efeito de memória de forma em cada liga.

4.3.1 Ensaio de porosidade e densidade aparente

Uma vez que as ligas fabricadas foram produzidas através da técnica de metalurgia do pó, a porosidade aparecerá. A percentagem de porosidade varia consoante a dimensão das partículas do pó metálico e o parâmetro de compressão, que tem um efeito significativo nos resultados da porosidade.

Neste estudo, foi utilizado apenas um tamanho de partícula para todos os metais. Assim, o parâmetro de compressão também deve ser fixado num valor específico de acordo com uma razão lógica. Para o efeito, foram utilizadas cinco gamas de cargas de compressão para comprimir cinco amostras, que foram utilizadas após sinterização e tratamento térmico para investigar o efeito da compressão na porosidade e na densidade teórica. A porosidade (por volume %) foi efectuada de acordo com a norma ASTM B 328, que é implementada através da pesagem das amostras em três casos diferentes: o primeiro é a pesagem da amostra ao ar; o segundo inclui a imersão da amostra num recipiente cheio de óleo e a pressão sobre a mesma é reduzida para não ser superior a 7 KPa (2 em mercúrio) durante 30 minutos **[43]**.

Depois de limpar a amostra do excesso de óleo, esta foi pesada. O terceiro caso é a pesagem da amostra impregnada de óleo em água, utilizando uma balança de gancho.

A porosidade (volume %) é determinada a partir das equações (4-1) e (4-2

$$P = \left[\frac{B - A}{(B - C + E) \times D_o} \times 100\right] D_w$$

(4-1) **[43]**

$$D = \left(\frac{B}{B - C + E}\right) D_w$$

(4-2) **[43]**

Por outro lado, o cálculo da densidade é efectuado através da equação (2), em que

P = Porosidade de interligação em volume %,

D = Densidade, g/cm3,

A = Massa no ar do provete isento de óleo, g,

B = massa do provete impregnado de óleo, g,

C = Massa da amostra impregnada de óleo imersa em água, g, *E* = Massa do fio em água (que manipula a amostra), g, *Do* = Densidade do óleo, g/cm3.
Dw = densidade da água.

A mesma bomba de vácuo que foi utilizada para a sinterização foi também utilizada para evacuar a câmara de amostras selada, como se mostra na Fig.4-11.

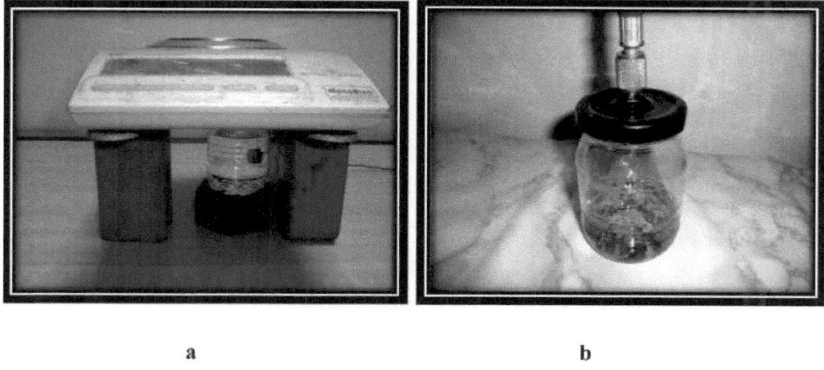

a b

Figura 4-11: a- Balança de jarrete sensível, **b-amostras** em câmara de vácuo

4.3.2 Difração de raios *X*

As investigações de raios X foram feitas utilizando um difratómetro avançado do tipo Shimatizo com ânodo de Cu (comprimento de onda 1, 54065 A) mostrado na Fig. 4-12, que se encontra na Companhia Estatal de Inspeção e Reabilitação de Engenharia. As amostras verdes, sinterizadas e temperadas foram testadas com XRD.

a b

Figura 4-12: a- Dispositivo de XRD , b- Câmara de amostras

4.3.3 Ensaio de Calorímetro Exploratório Diferencial (DSC)

As observações das transformações de fase foram efectuadas utilizando um calorímetro de varrimento diferencial com um cadinho de alumínio perfurado, como se mostra na Fig. 4-13 . A análise DSC foi efectuada em atmosfera de azoto e a taxa de aquecimento/arrefecimento das amostras foi de 10 K/min[**44,45**]. Este ensaio é importante para determinar a temperatura de transformação no início/fim das fases martensítica e austenítica, o que permitirá descobrir a possível aplicação de cada liga.

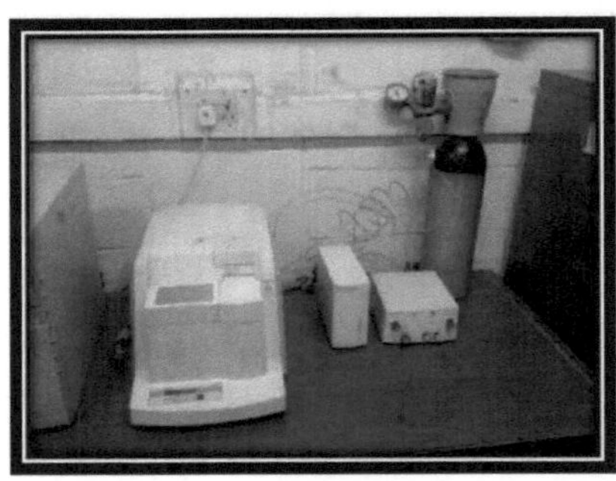

a b

Figura 4-13: **a-** Câmara DSC com azoto gasoso, **b-** Ferramenta de compressão para cadinho de Al

4.3.4 Observação da microestrutura

Foram utilizados dois tipos de instrumentos para a observação da microestrutura: o microscópio ótico e o microscópio eletrónico de varrimento (SEM). Para preparar as amostras para o ensaio, todas as amostras foram cortadas numa peça semi-redonda e montadas com material acrílico para facilitar o manuseamento na fase de lixagem e polimento.

Foi efectuado um processo de corrosão para revelar os limites de grão utilizando dois tipos de soluções de corrosão que foram HNO_3+H_2O e $HCl+FeCl_3+H_2O$ **[46,47]** .

Foi utilizado um microscópio ótico de tipo olímpico com uma ampliação máxima de 1000X e uma régua à escala microscópica que dá uma dimensão exacta para a ampliação da imagem. A Fig. 4-14 mostra o microscópio ótico que se encontrava no laboratório de mecânica aplicada da Universidade de Al-Nahrain.

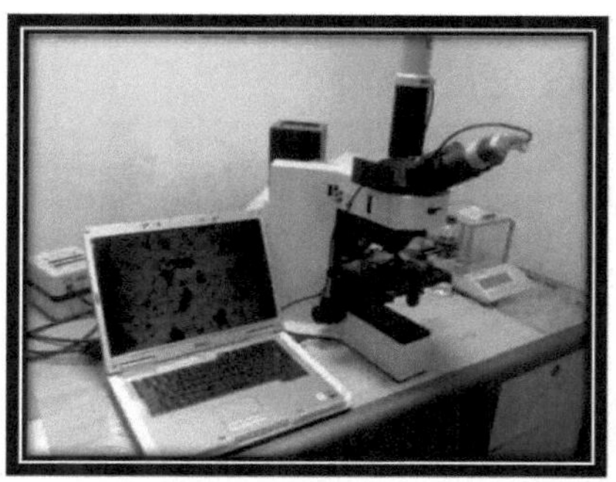

a **b**

Figura 4-14: a- Microscópio ótico , b- Amostra montada

A Fig. 4-15 mostra o microscópio eletrónico de varrimento (SEM), localizado nas instalações de engenharia da Universidade de Tahran, que foi utilizado para testar todas as amostras, a fim de obter uma imagem mais clara da microestrutura e do tamanho do grão.

Também foi utilizado o SEM para investigar as partículas de liga na estrutura, um microscópio eletrónico de varrimento de emissão de campo (FESEM) construído com uma espetroscopia de raios X de dispersão de energia (EDS).

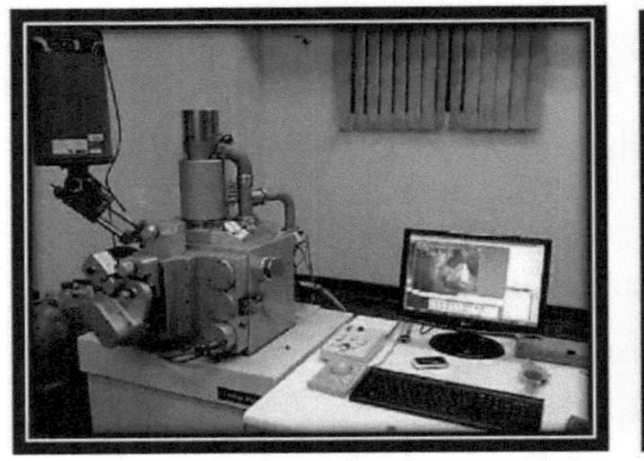

a b

Figura 4-15: a- Dispositivo SEM, **b-** Câmara de amostras

4.4 Ensaios mecânicos

Foram efectuados vários ensaios mecânicos, como a recuperação da deformação (efeito de forma), a microdureza, a compressão e o ensaio de desgaste. Estes ensaios foram efectuados para investigar as propriedades mecânicas que serão aplicadas a todas as ligas com o elemento de liga aditivo.

4.4.1 Microdureza

Foi utilizado o dispositivo de ensaio de microdureza Vickers, localizado na Organização Central de Normalização e Controlo de Qualidade, mostrado na Fig. 4-16, com uma carga de 100 gramas (HV 1). Os ensaios foram efectuados em todas as amostras com um tempo de espera de 20 segundos. Foram efectuadas mais de três leituras de dureza para cada amostra para obter o valor médio que representa a dureza.

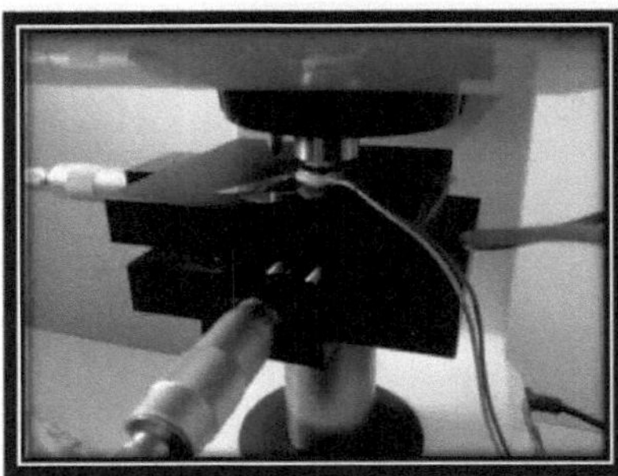

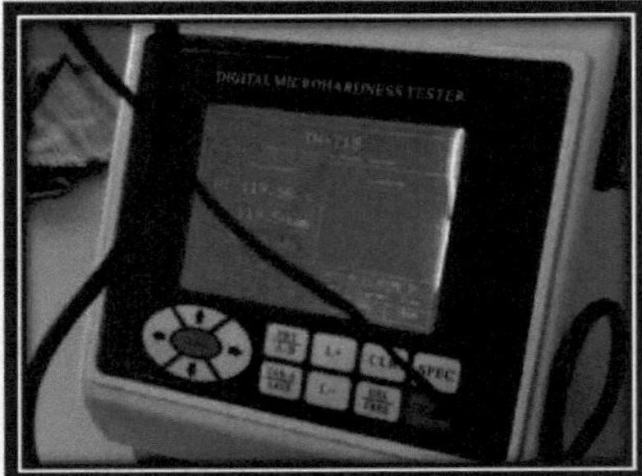

Figura 4-16: Dispositivo de microdureza

4.4.2 Efeito de memória de forma (recuperação de deformação)

Este ensaio foi efectuado para estudar o efeito de memória de forma e a percentagem de deformação máxima após o aquecimento, o que foi feito calculando o comprimento real das amostras antes da compressão (L°), depois foram comprimidas até 4% de deformação (deformação máxima para a base de cobre) e libertadas, calculando em seguida o comprimento resultante (L_1), depois de aquecidas a 250°C durante 5 min, finalmente o comprimento resultante seria medido (L_2). Ao medir estes comprimentos, o efeito de memória de forma será calculado pela Eq (4-3)

A Fig. 4-17 mostra o dispositivo de compressão utilizado neste ensaio

$$SME\ (\%) = \frac{L2 - L1}{L^{\underline{o}} - L1} \times 100 \qquad \text{.............} \quad (4\text{-}3)$$

Figura 4-17: Compressão da amostra num dispositivo de compressão uniaxial

4.4.3 Compressão

Dez amostras com dimensões de (11 mm de diâmetro e 16,5 de comprimento) foram comprimidas até à rotura com uma taxa de deslocamento de 0,01 mm/min, como se mostra na Fig. 4-18.

Figura 4-18: Amostras após compressão até à rotura

4.4.4 Teste de desgaste por deslizamento

O ensaio de resistência ao desgaste por deslizamento a seco foi efectuado em todas as amostras, de acordo com a norma ASTM G99 **[48]**, com amostras de 11 mm de diâmetro e 16,5 mm de comprimento, tendo a carga como parâmetro alternativo (250, 500 e 750 gramas) e a velocidade de rotação do disco foi fixada em 500 RPM. O pino foi colocado a uma distância radial de 100 mm do eixo rotativo. A cada 5 minutos, a amostra foi retirada, limpa e pesada com uma balança de precisão de 0,0001 g.

Foram efectuadas seis leituras para cada caso para representar a perda de massa em função da distância de deslizamento. A Fig. 4-19 mostra o pino no disco e o ensaio das amostras.

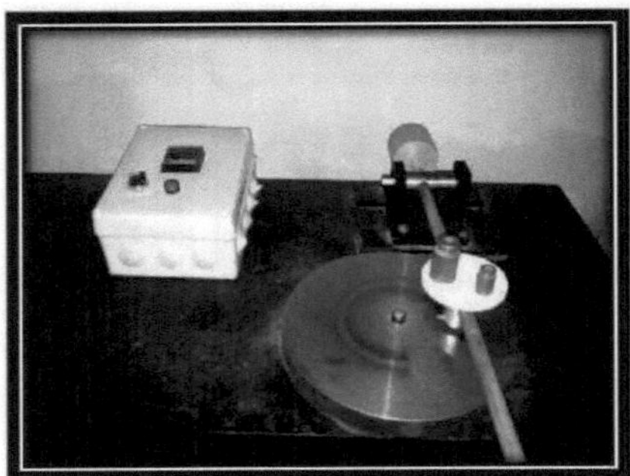

Figura 4-19: Amostra no pino do dispositivo de disco

Capítulo 5

Resultados e discussão

5.1 Introdução

Neste capítulo, serão ilustrados e discutidos os resultados dos ensaios físicos e mecânicos de todas as amostras.

5.2 Resultados físicos

Os resultados das propriedades físicas e a sua discussão podem ser apresentados da seguinte forma:

5.2.1 Porosidade e densidade aparente

As Figs. 5-1 e 5-2 mostram a percentagem de porosidade e as densidades das amostras após a têmpera, que foi efectuada para obter a melhor condição para a força de compressão que dará a densidade mais fiável e a porosidade mínima sem utilizar qualquer força de compactação excessiva e desnecessária.

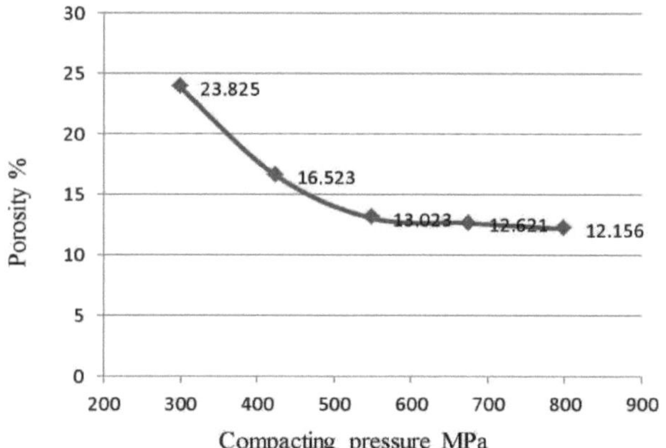

Figura 5-1: Curva da percentagem de porosidade com a pressão de compactação

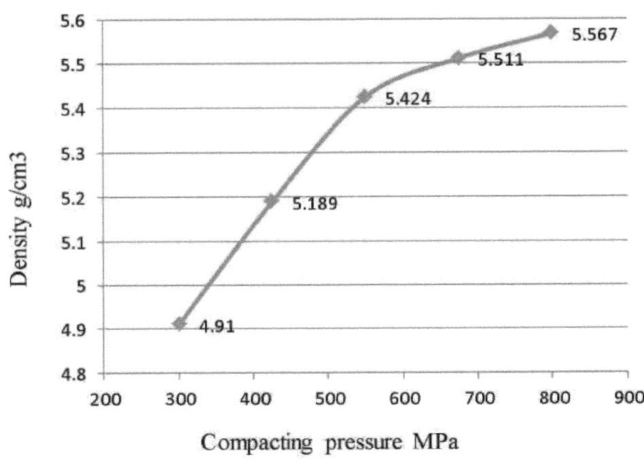

Figura 5-2: Densidade da curva da amostra temperada com a pressão de compactação

Como se pode ver na Fig. 5-1, há uma clara diminuição da porosidade com o aumento da força de compactação e uma ligeira diminuição após a pressão de compactação de 550Mpa, que não é superior a 1%, e se for comparada com a mesma região da Fig. 5-2, mostrará que há também um ligeiro aumento da densidade após 550Mpa em comparação com o aumento antes desta fase.

Por esta razão, uma pressão de compactação de 650 Mpa foi considerada uma boa escolha para a fase de compactação sem obter uma pressão excessiva que levará à deformação da matriz e a problemas de fricção das ferramentas.

5.2.2 Resultados da difração de raios X

A Fig. 5.3 mostra o XRD para a amostra verde (após compactação) que verifica os picos elementares para Cu, AL e Ni .

A Fig. 5.4 mostra a amostra sinterizada com o pico resultante que indica, após comparação com as tabelas padrão, a existência de $Cu9Al_4$ que se refere à fase austenítica, na Fig. 5.5 XRD para a amostra temperada e o processo de envelhecimento térmico que mostra o resultado da fase martensítica (CuAl3). O ensaio de XRD de todas as amostras ligadas foi efectuado para amostras sinterizadas e temperadas para investigar as diferenças nas fases de sinterização.

Uma vez que não há diferenças nos resultados de XRD para as amostras sinterizadas, apenas o XRD para é listado na Fig.5.6 e Fig.5.14 para verificar a existência martensítica sem qualquer indício de qualquer pico para o pó elementar livre ou qualquer oxidação, o que leva à conclusão de que o procedimento de sinterização é bem sucedido e suficiente para obter boas amostras e sem desvio dos picos existentes.

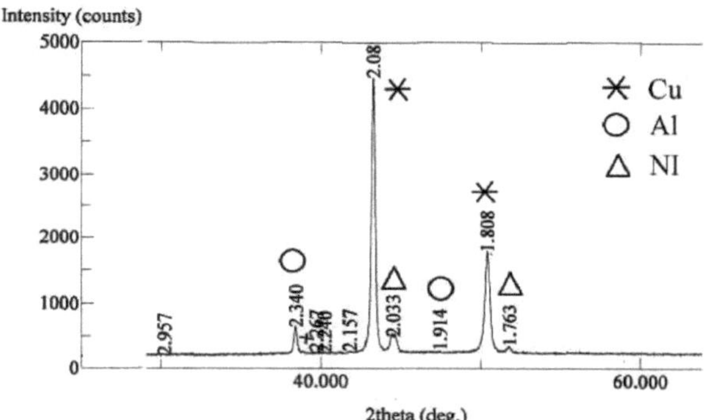

Figura 5-3: Difração de raios X para a amostra principal verde

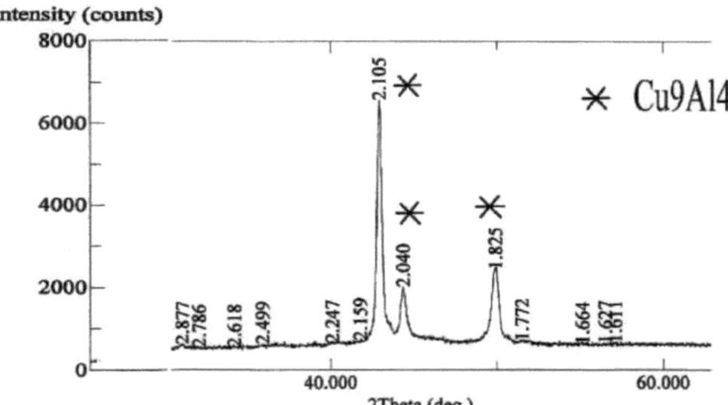

Figura 5-4: Difração de raios X da amostra-mãe sinterizada

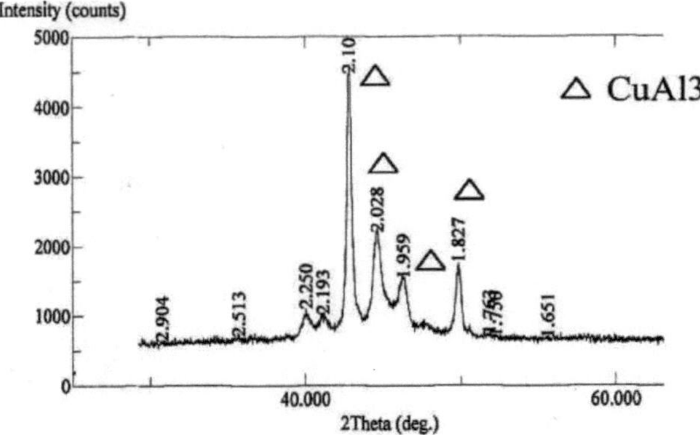

Figura 5-5: Difração de raios X para a amostra-mãe temperada

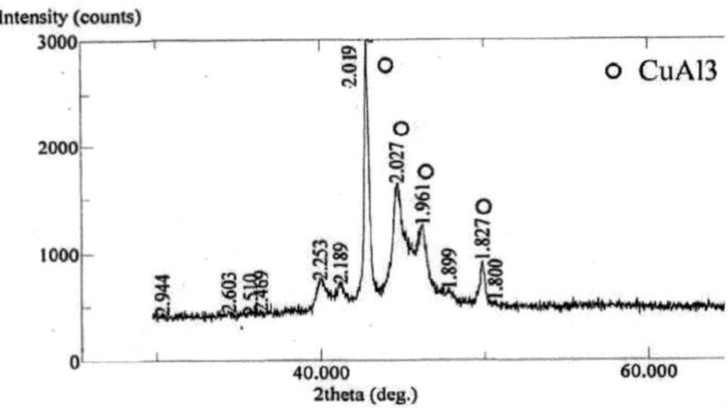

Figura 5-6: Difração de raios X para a amostra com 0,3% de aditivo Ta

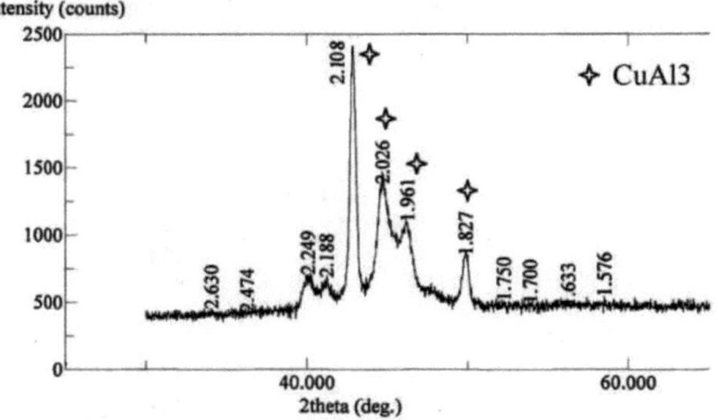

Figura 5-7: Difração de raios X para a amostra com 0,6% de aditivo Ta

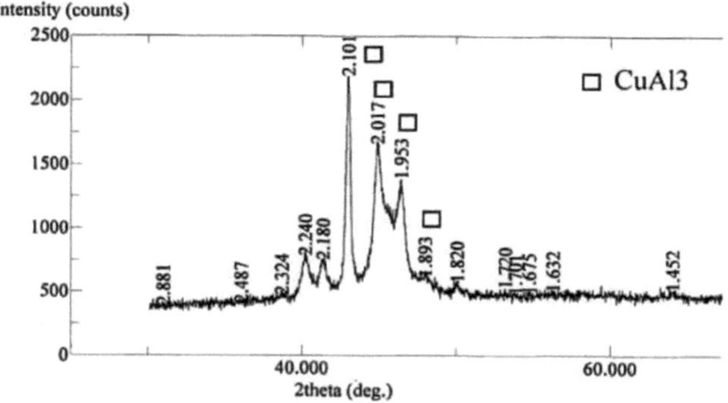

Figura 5-8: Difração de raios X para a amostra de aditivo 0,9% Ta

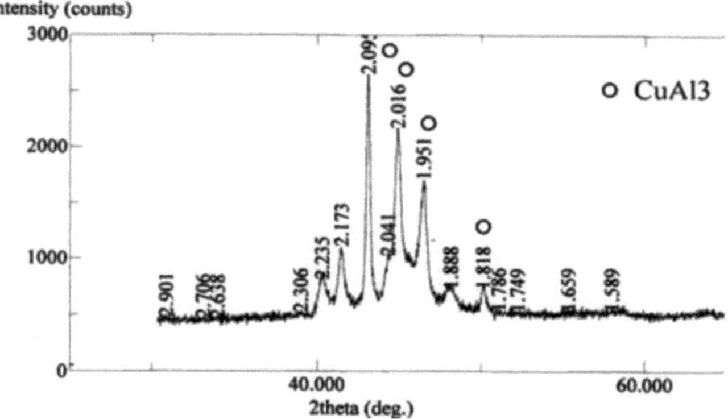

Figura 5-9: Difração de raios X para a amostra aditivada com 0,3% de Nb

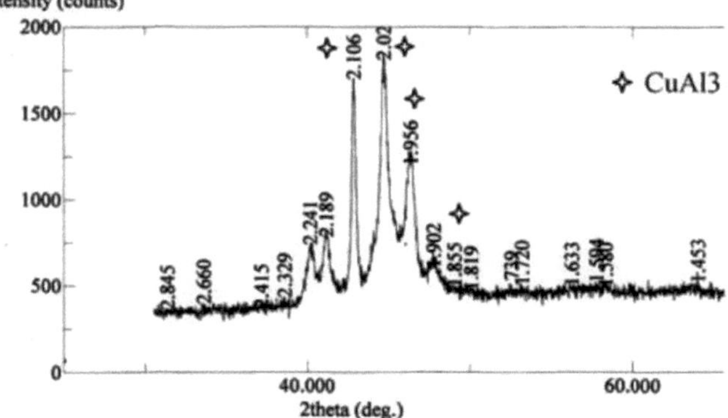

Figura 5-10: Difração de raios X para a amostra aditivada com 0,6% de Nb

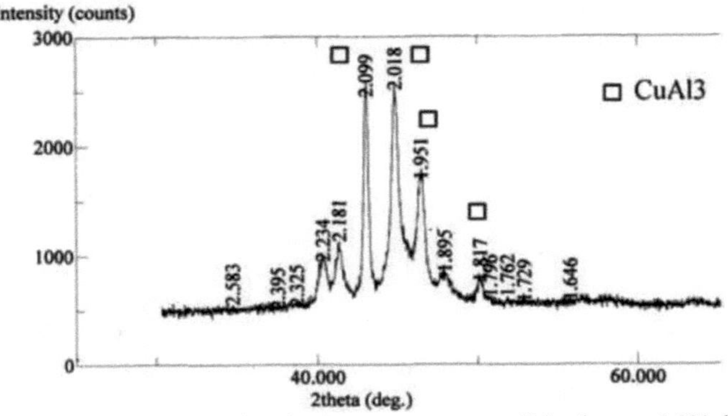

Figura 5-11: Difração de raios X para a amostra aditivada com 0,9% de Nb

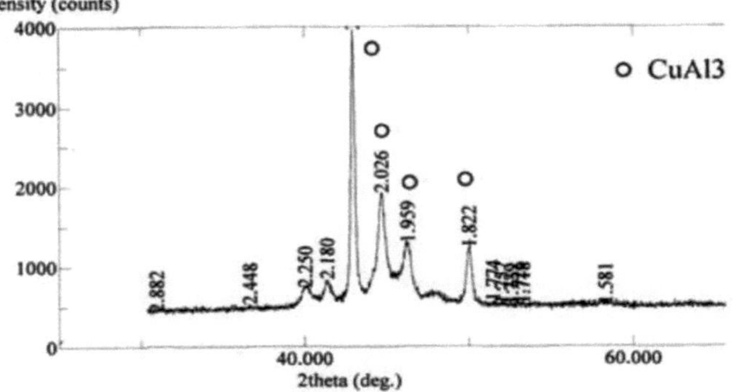

Figura 5-12: Difração de raios X para a amostra com aditivo de 0,3% Cr

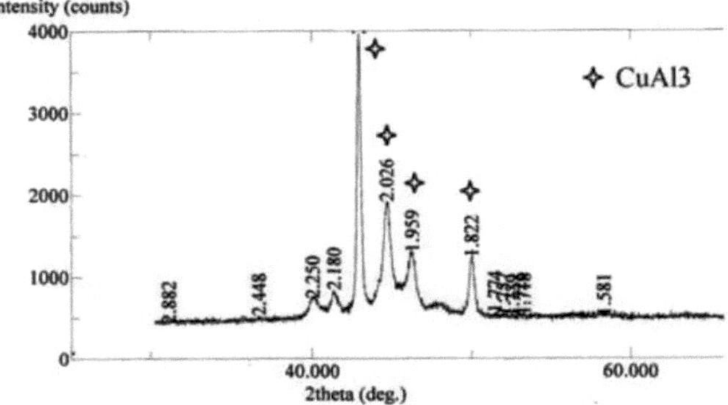

Figura 5-13: Difração de raios X para a amostra com aditivo de 0,6% Cr

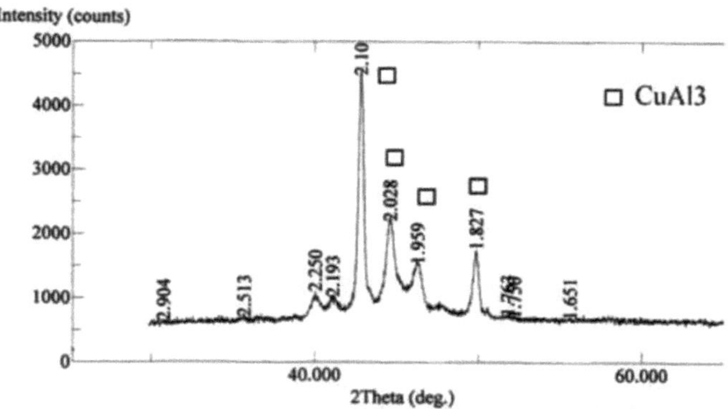

Figura 5-14: Difração de raios X para a amostra de aditivo 0,9% Cr

5.2.3 Calorómetro de exploração diferencial

As temperaturas de transformação para a fase martensítica de todas as amostras podem ser ilustradas na tabela 5-1

Tabela 5-1 Temperaturas de transformação martinsitica

	master	C1	C2	C3	T1	T2	T3	N1	N2	N3
Ms(°C)	190	185	222	223	202	204	204	200	200	203
Mf(°C)	227	202	238	245	221	212	223	217	218	224

Como se pode ver na tabela 5-1, as temperaturas de transformação são afectadas pela adição de pó de liga elementar à liga de Maser. Esta alteração é evidente na redução da histerese e na mudança da temperatura de início e de fim da transformação da fase martensítica.

O atraso na temperatura de transformação com grau mais elevado pode ser causado pelo elemento de liga que restringe o movimento livre da rede estrutural, este comportamento pode ser bem notado também nos resultados da liga com memória de forma (recuperação de deformação) que serão discutidos.

5.2.4 Observação da microestrutura

Microscópio ótico A

As Figs. 5.15 a 5-24 mostram as imagens de microscópio ótico para as microestruturas de todas as amostras que revelam o tamanho e o limite do grão após a gravação. Como se pode ver, existe um limite de grão claro para todas as amostras, mas como foi utilizada a técnica de metalurgia do pó para produzir estas amostras, tem sido muito difícil calcular o tamanho médio do grão (porque existem diferenças no grão devido à existência de poros

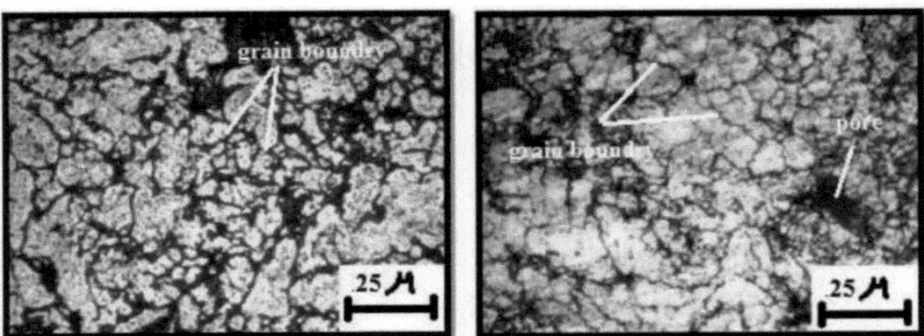

Figura 5-15: Microestrutura da liga principal

Figura 5-16: Microestrutura da liga aditivada com 0,3 Cr

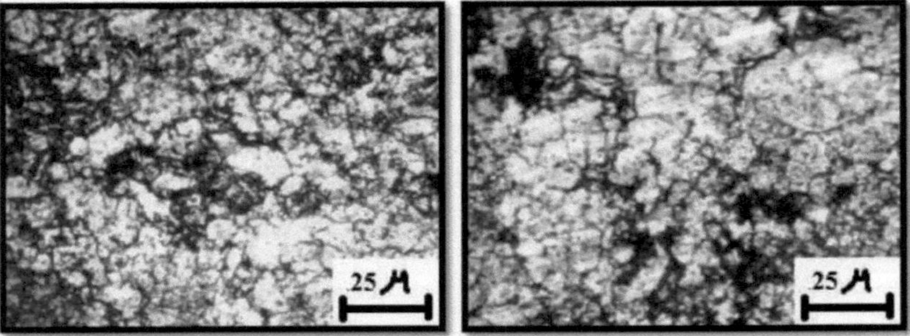

Figura 5-17: Microestrutura da liga aditivada com 0,6 Cr

Figura 5-18: Microestrutura da liga aditivada com 0,9Cr

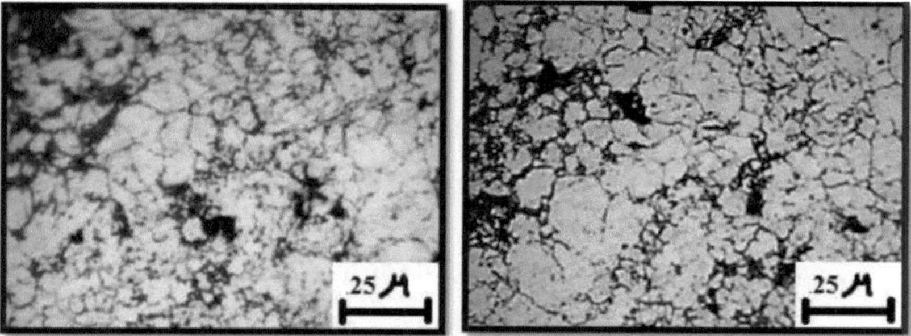

Figura 5-19: Microestrutura da liga aditivada com 0,3Nb

Figura 5-20: Microestrutura da liga aditivada com 0,6Nb

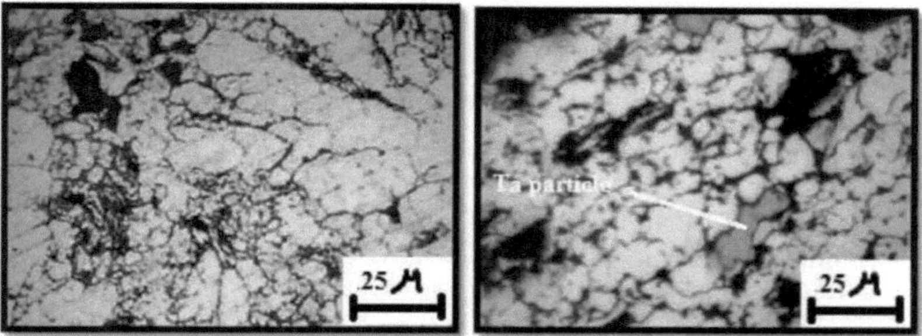

Figura 5-21: Microestrutura da liga aditivada com 0,9 Nb

Figura 5-22: Microestrutura da liga aditivada com 0,3 Ta

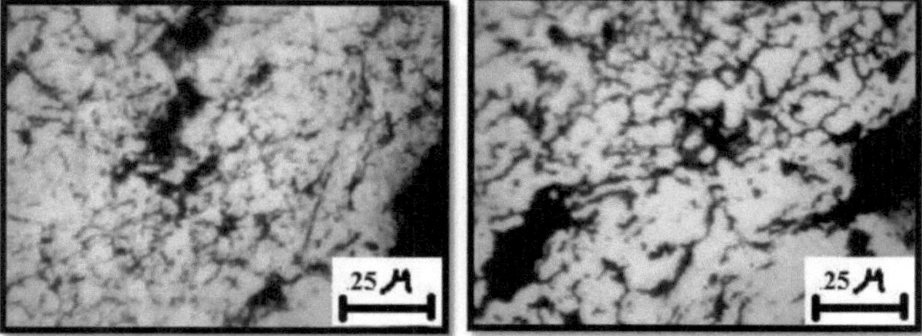

Figura 5-23: Microestrutura da liga aditivada com 0,6 Ta

Figura 5-24: Microestrutura da liga aditivada com 0,9 Ta

B- Microscópio eletrónico de varrimento

As Figs. 5.25 - 5-34 mostram as imagens SEM do master e de todas as outras ligas com o elemento aditivo, foram utilizadas cinco gamas de ampliação, mas apenas duas gamas foram selecionadas (100X e 5000X) como as adequadas para revelar a microestrutura, os limites de grão e a distribuição do elemento de liga.
A Fig. 5.25 mostra a microestrutura da liga principal. Nas Figs. 5.26, 5-27 e 5-28 são mostradas imagens SEM do aditivo Cr com uma percentagem de peso de (0,3,0,6 e 0,9), respetivamente, uma vez que as partículas de Cr são mais escuras à medida que colidem com a estrutura de base e podem não ser vistas claramente para verificar a boa distribuição das partículas na estrutura.
Enquanto nas Figs.5-29, 5-30 e 5-31 as imagens SEM do aditivo Nb com percentagem de peso de (0,3, 0,6 e 0,9) respetivamente mostram claramente as partículas do elemento Nb. As partículas cinzentas representam as partículas de Nb, as partículas pretas representam os poros vazios e a base é a estrutura, o que também pode ser aplicado às ligas aditivadas com Ta nas Figs.5-31,5-32 e 5-33, onde as partículas brancas representam as partículas de Ta.

Assim, é bastante óbvio que o elemento aditivo está bem distribuído nas estruturas, o que indica o sucesso do método e do procedimento de mistura.

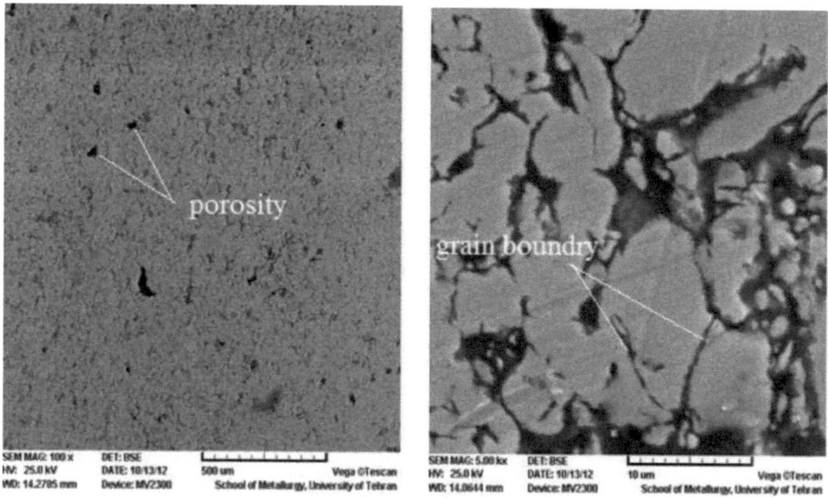

Figura 5-25: Fotografias SEM da liga principal

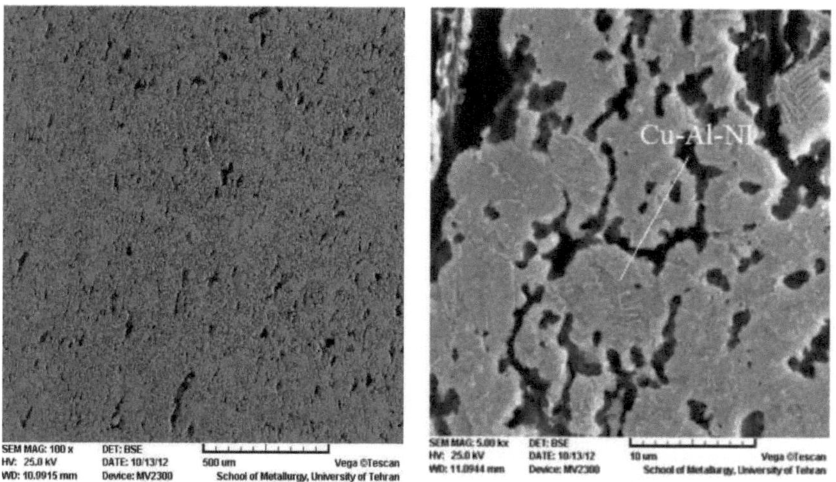

Figura 5-26: Imagens SEM da liga com aditivo de 0,3% Cr

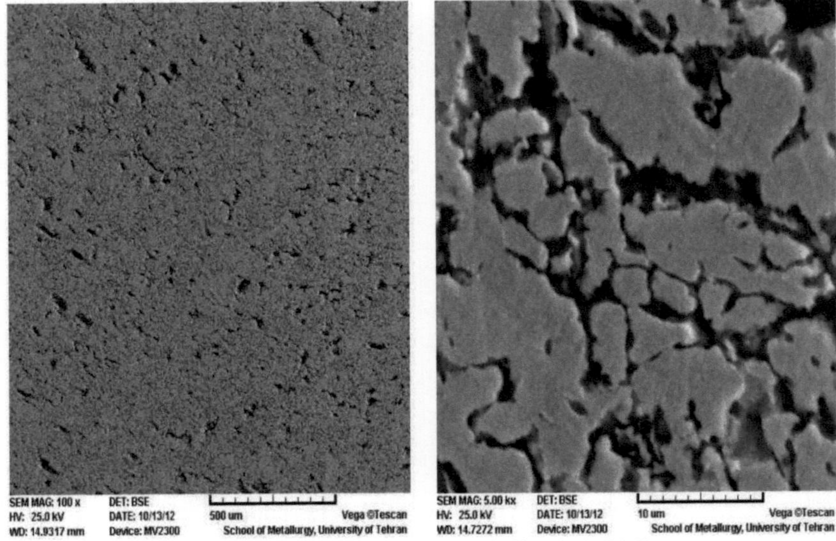

Figura 5-27: Fotografias SEM da liga de 0,6% Cr

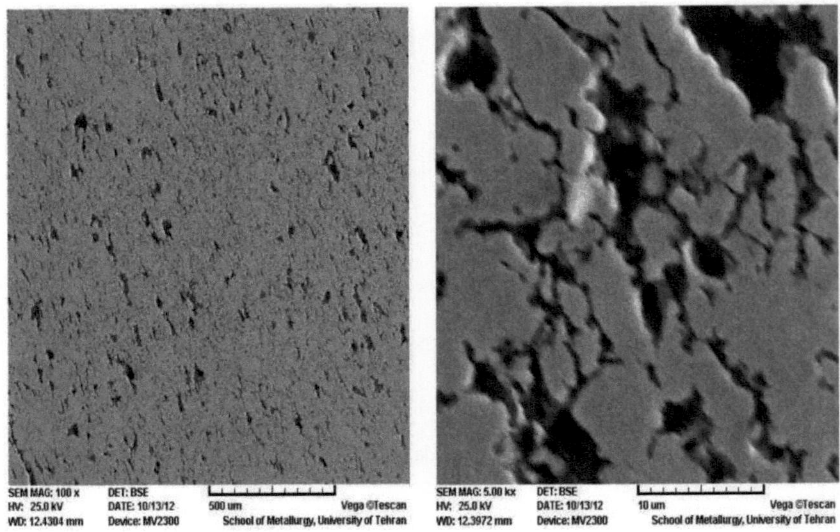

Figura 5-28: Imagens SEM para a liga de 0,9% Cr

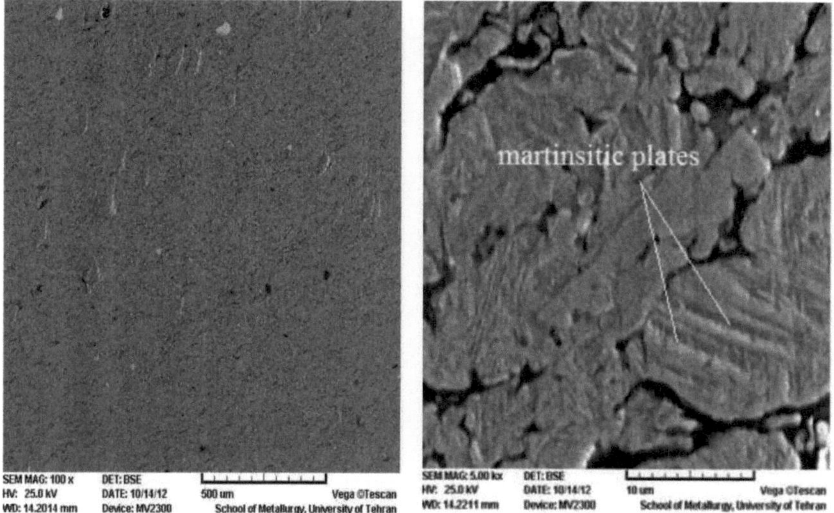

Figura 5-29: Fotografias SEM da liga de 0,3% Nb

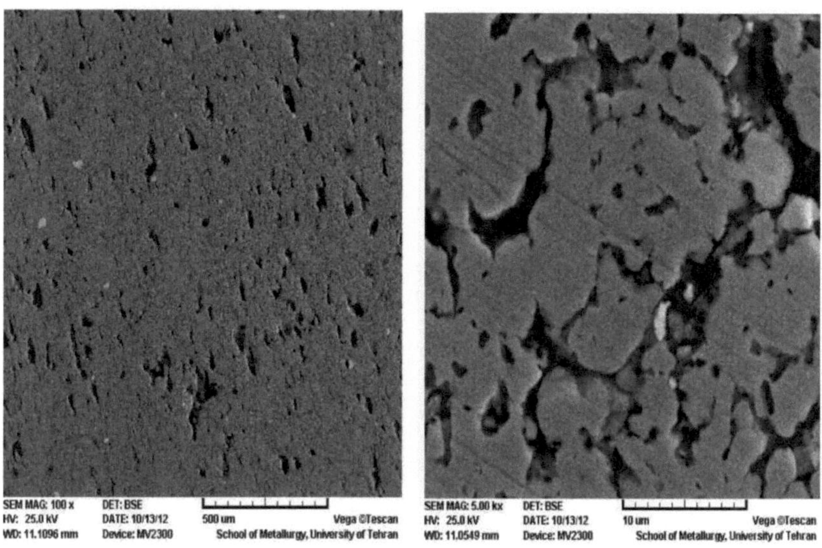

Figura 5-30: Fotografias SEM da liga de 0,6% Nb

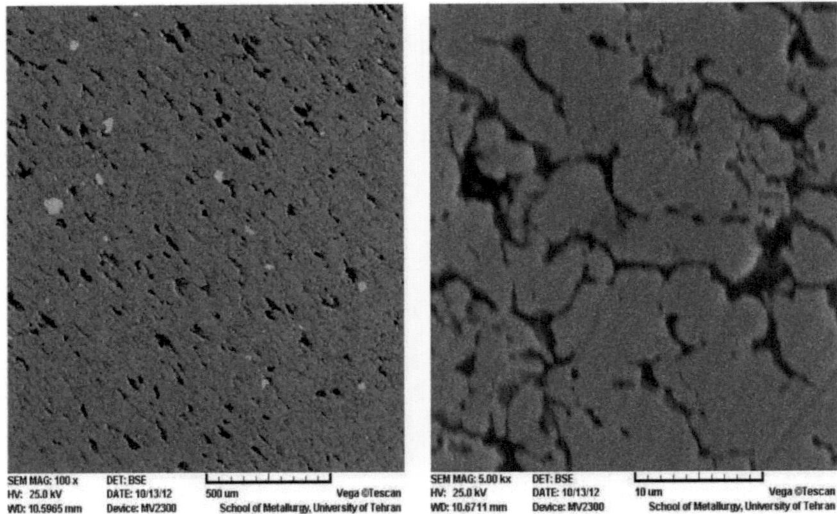

Figura 5-31: Fotografias SEM da liga de 0,9 % Nb

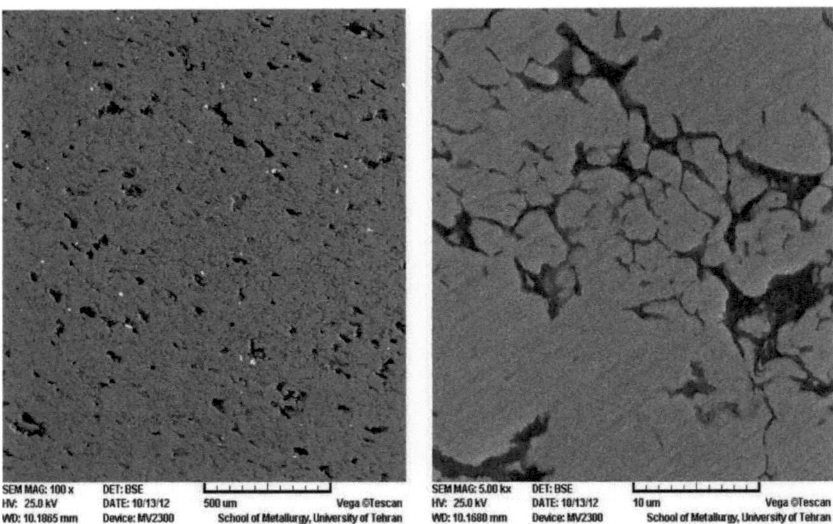

Figura 5-32: Fotografias SEM da liga de 0,3 ^{0}% Ta

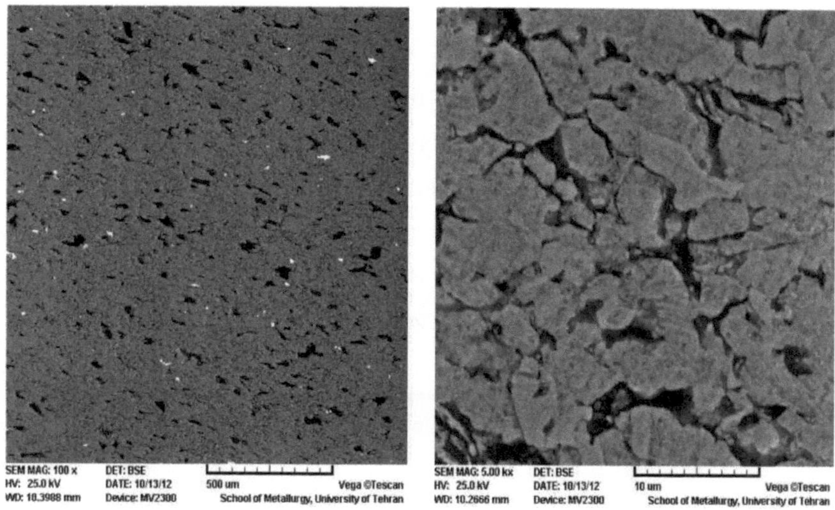

Figura 5-33: Fotografias SEM da liga de 0,6 % Ta

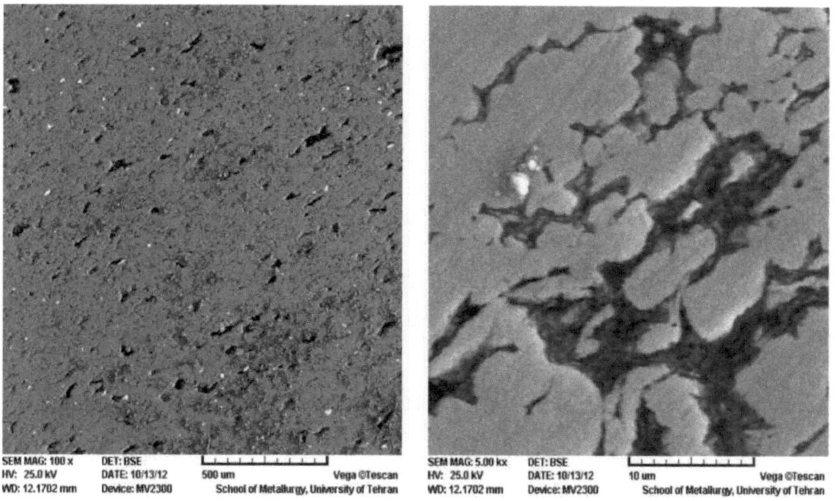

Figura 5-34: Fotografias SEM da liga 0,9 ^{0}% Ta

C- Espectrometria de raios X com dispersão de energia (EDS)

Com o objetivo de comprovar que as partículas observadas anteriormente nas imagens SEM representam verdadeiramente as partículas do elemento de liga, e também para verificar a composição química das ligas, foi realizado um ensaio de EDX nas ligas apenas com o elemento aditivo.

A Fig.5-35 para a imagem EDX para a liga aditivada Ta mostra a partícula branca que está marcada como zona 1 e o material de base que está marcado como zona 2. A Fig. 5-36 mostra a difração de raios X para a zona 1, que mostra a existência de picos de Ta para além dos dois componentes elementares (AL e Ni), e a Tabela 5-1 para a percentagem de composição química mostra que o elemento Ta é o componente principal desta zona, o que prova que esta zona é uma partícula de Ta.

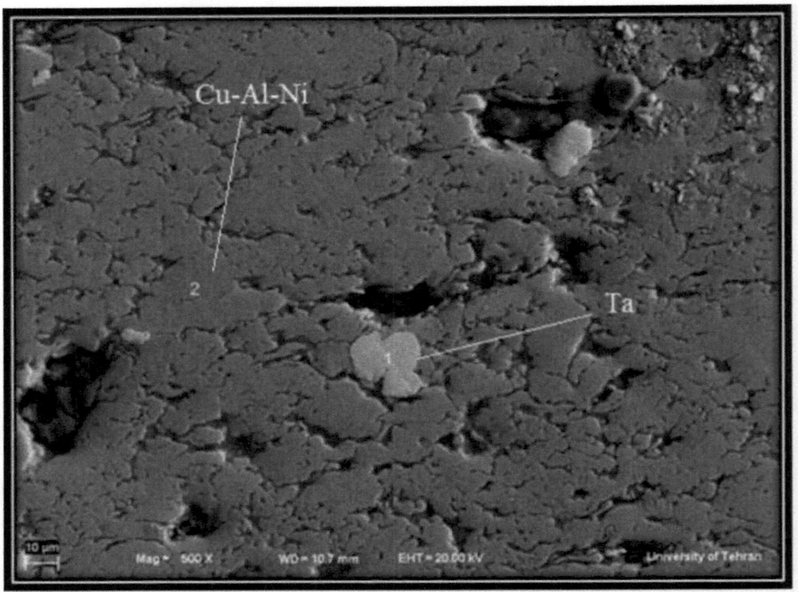

Figura 5-35: Imagem EDX da liga aditivada de Ta

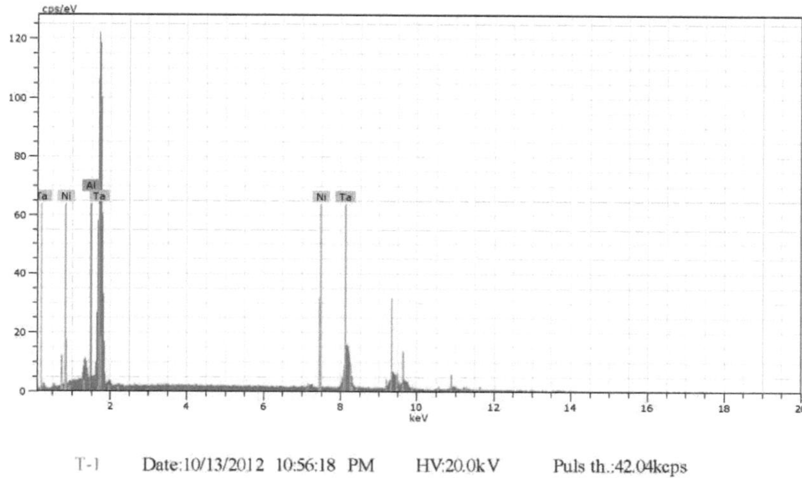

Figura 5-36: Picos de raios X para a liga aditivada Ta na zona 1

Tabela 5-2: Composição química para a liga de aditivo Ta na zona 1

El	AN	Series	unn. C [wt.%]	norm. C [wt.%]	Atom. C [at.%]	Error [wt.%]
Ta	73	L-series	92.40	98.40	94.04	2.6
Ni	28	K-series	1.16	1.23	3.63	0.1
Al	13	K-series	0.34	0.36	2.34	0.1
		Total:	93.89	100.00	100.00	

A Fig. 5-37 e a Tabela 5-2 mostram a difração de raios X e a composição química da zona 2, é evidente que existem três picos essenciais, que são (Cu, AL e Ni) com aproximadamente a mesma composição que foi misturada anteriormente, o que indica a boa mistura e a formação de compostos intermetálicos.

Também se pode tirar a mesma conclusão para as ligas aditivas de Cr nas Figs.5-38 ,539 e Tabela 5-3 para a zona 1 e Fig.5-40 e Tabela 5-4 para a zona 2.

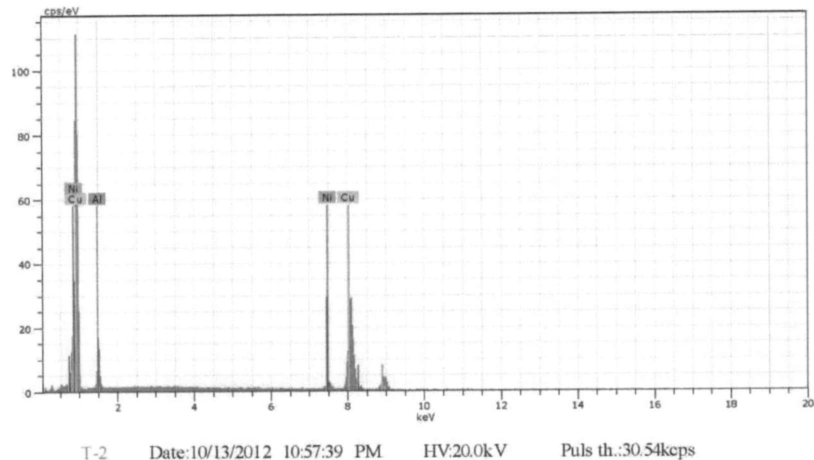

Figura 5-37 : Picos de raios X para a liga aditivada Ta na zona 2

Tabela 5-3: Composição química para a liga de aditivo Ta na zona 2

El	AN	Series	unn. C [wt.%]	norm. C [wt.%]	Atom. C [at.%]	Error [wt.%]
Cu	29	K-series	62.00	83.17	71.45	1.7
Al	13	K-series	8.79	11.79	23.86	0.5
Ni	28	K-series	3.75	5.03	4.68	0.2
		Total:	74.54	100.00	100.00	

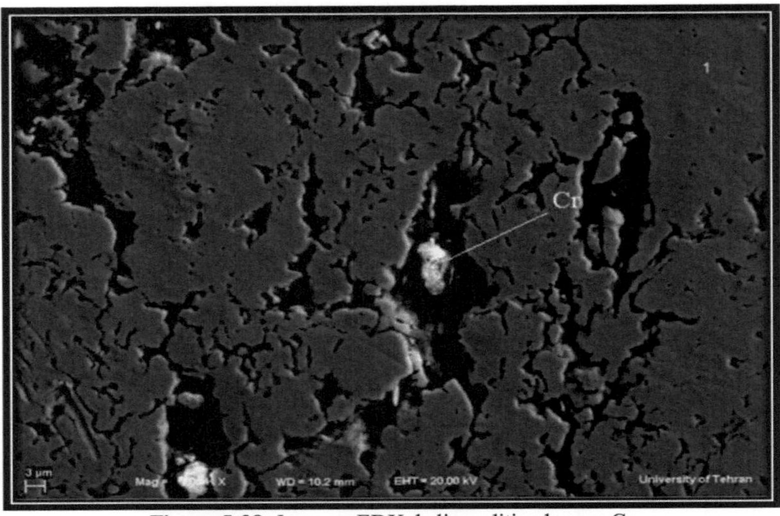

Figura 5-38: Imagem EDX da liga aditivada com Cr

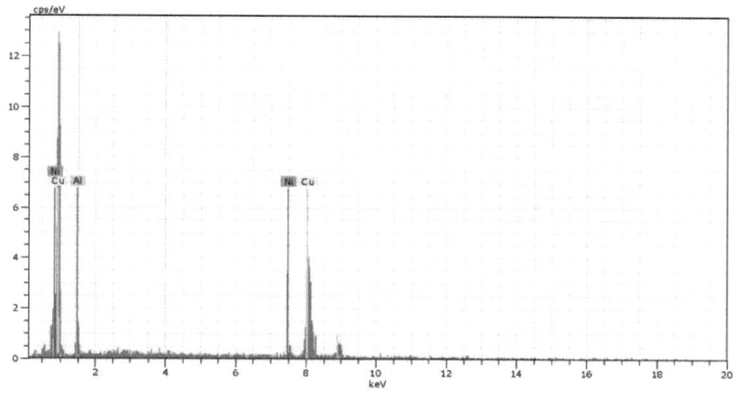

Figura 5-39: Picos de raios X para a liga aditivada com Cr na zona 1

Quadro 5-4: composição química para a liga de aditivo Cr zona 1

El	AN	Series	unn. C [wt.%]	norm. C [wt.%]	Atom. C [at.%]	Error [wt.%]
Cu	29	K-series	61.20	83.54	71.95	2.2
Al	13	K-series	8.49	11.60	23.52	0.7
Ni	28	K-series	3.56	4.86	4.53	0.4
		Total:	73.26	100.00	100.00	

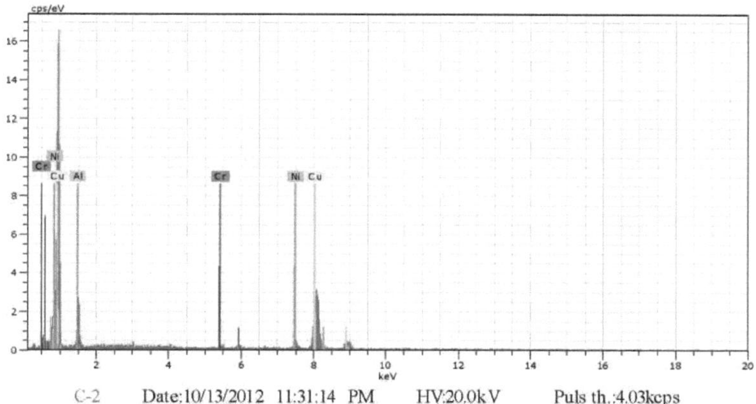

Figura 5-40: Picos de raios X para a liga aditivada com Cr na zona 2

Tabela 5-5: Composição química para a liga de aditivo Cr na zona 2

El	AN	Series	unn. C [wt.%]	norm. C [wt.%]	Atom. C [at.%]	Error [wt.%]
Cu	29	K-series	47.26	76.04	61.19	1.5
Al	13	K-series	10.79	17.36	32.90	0.7
Ni	28	K-series	3.25	5.23	4.56	0.2
Cr	24	K-series	0.85	1.37	1.35	0.1
		Total:	62.16	100.00	100.00	

Também pode ser aplicado a ligas aditivadas com Nb na Fig. 5-41, 5-42 e Tabela 5-5 para a zona 1 e Fig. 5-43 e Tabela 5-6 para a zona 2, mas com uma ligeira diferença que é na Fig. 5-42 e Tabela 5-6, os picos e percentagem de partículas de Cr e Ta apareceram na zona de partículas de Nb, que se supõe ser o único elemento nesta zona, a razão para isso pode ser a contaminação da liga durante a moagem com o papel de moagem que já foi experimentado com a amostra de liga de Ta e Cr.

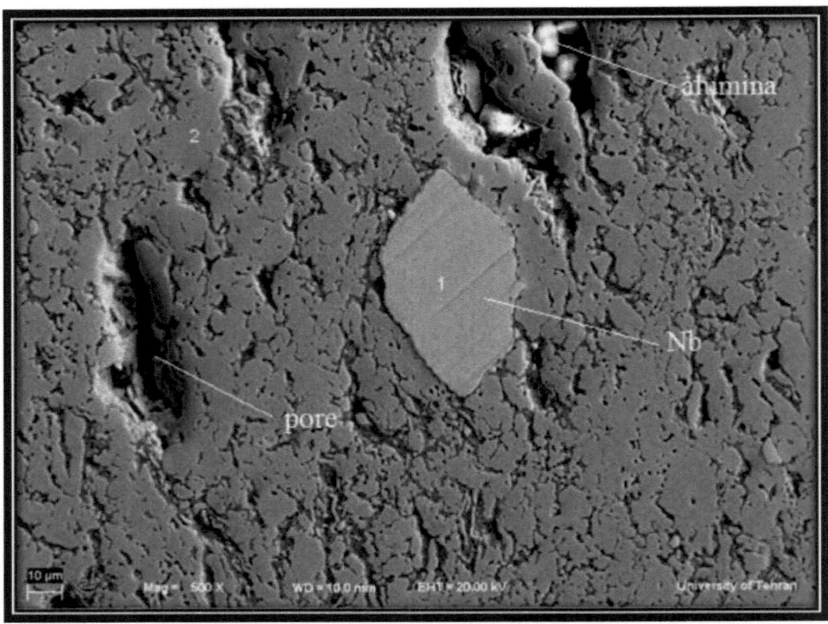

Figura 5-41: Imagem EDX da liga aditivada com Nb

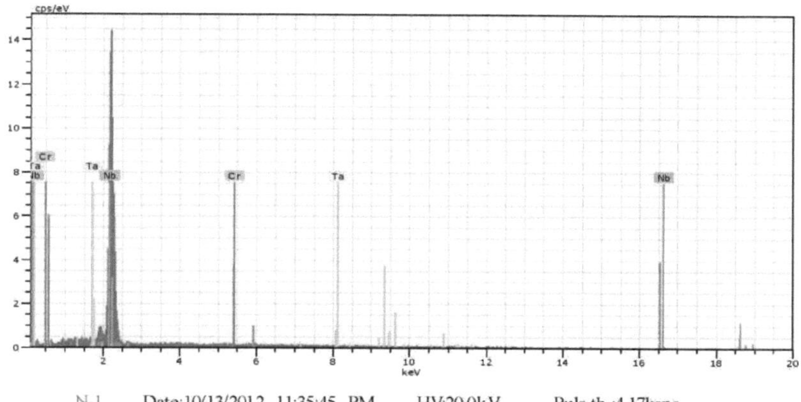

Figura 5-42: Picos de raios X para a liga aditivada com Nb na zona 1

Tabela 5-6: Composição química para a liga de Nb aditivada na zona 1

El	AN	Series	unn. C [wt.%]	norm. C [wt.%]	Atom. C [at.%]	Error [wt.%]
Nb	41	L-series	122.72	98.64	99.07	4.6
Ta	73	L-series	1.46	1.18	0.61	0.2
Cr	24	K-series	0.23	0.18	0.33	0.1
		Total:	124.41	100.00	100.00	

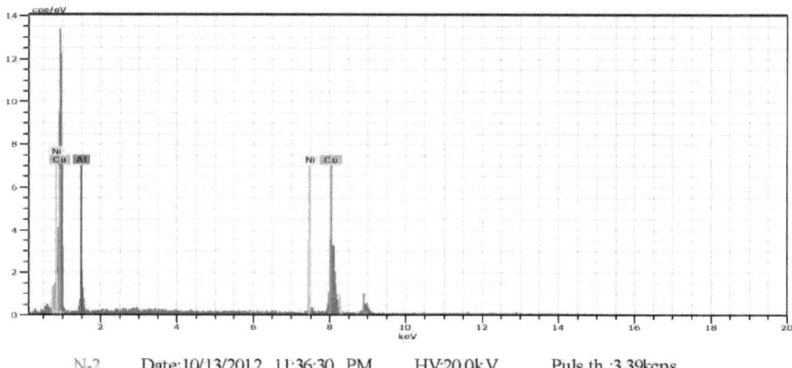

Figura 5-43: Picos de raios X para a liga aditivada com Nb na zona 2

Tabela 5-7: Composição química da liga aditivada com Nb na zona 2

El	AN	Series	unn. C [wt.%]	norm. C [wt.%]	Atom. C [at.%]	Error [wt.%]
Cu	29	K-series	71.57	84.99	74.22	2.4
Al	13	K-series	8.78	10.43	21.45	0.6
Ni	28	K-series	3.85	4.58	4.33	0.3
		Total:	84.20	100.00	100.00	

5.3 Resultados mecânicos

Os resultados mecânicos e a sua discussão podem ser descritos da seguinte forma:

5.3.1 Microdureza

A microdureza Vickers altera-se com a adição de elementos nas ligas. O resultado da liga principal foi comparado com o valor do resultado das amostras de Cr, Nb e Ta, etc., para clarificar esta alteração.

A Fig. 5-44 mostra um aumento da dureza para todas as amostras com 0,3% de adição de peso e este incremento continua para 0,6% e 0,9% de aditivos com diferentes gamas. Este aumento deveu-se à adição de partículas (elemento de liga) que foram adicionadas à estrutura.

Esta alteração pode ser explicada pelo facto de a partícula estar a reforçar a estrutura, impedindo o movimento da rede, e também indica a boa força de ligação entre a partícula e a estrutura.

Também a Fig. 5-45 mostra a dureza global como barras.

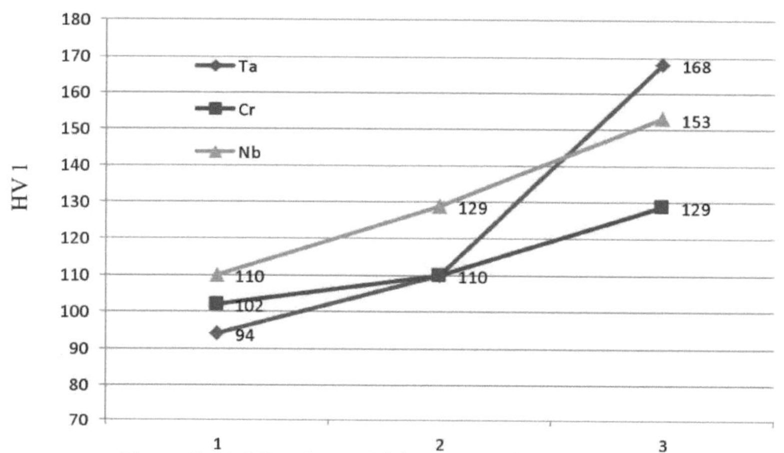

Figura 5-44: Microdureza Vickers para todas as amostras

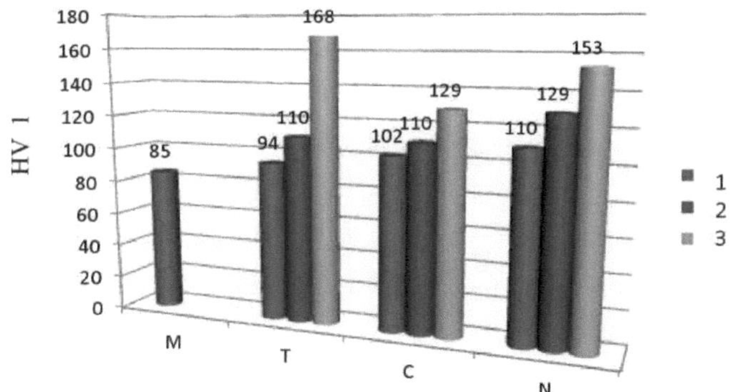

Figura 5-45: Microdureza Vickers para todas as amostras

5.3.2 Efeito de memória de forma (recuperação de deformação)

As Figs.5-46 mostram a percentagem de recuperação do comprimento de retenção para cada amostra. Se virmos os resultados da amostra com liga de Nb, verificamos que a adição de Nb não tem qualquer efeito sobre o efeito de forma da liga, o que se deve à boa reorganização das partículas com a rede estrutural sem qualquer restrição de recuperação da tensão permanente, enquanto que para o aditivo Ta mostra uma zona crítica para o melhor resultado, que foi alcançado em torno de 0,6wt %.

No caso do aditivo Cr, os resultados foram diferentes dos outros, o efeito de forma começou a diminuir com o aumento da adição de Cr em peso por cento, o que se deveu ao efeito das partículas na estrutura, que restringiria o movimento da rede após o carregamento e o aquecimento durante o processo de recuperação.

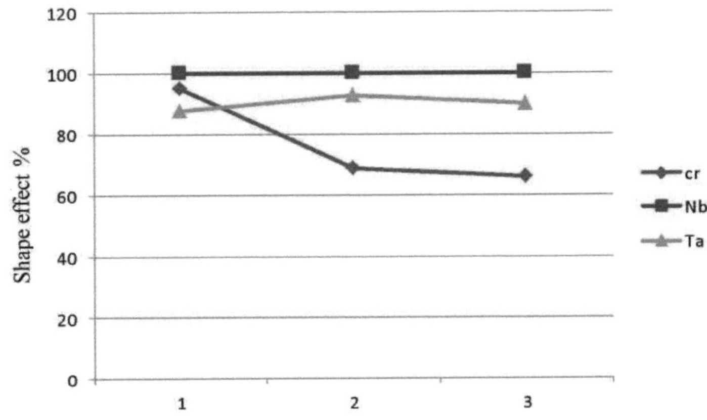

Figura 5-46: Recuperação do comprimento de retenção para amostras com elemento de liga

Na Fig.5-47, a recuperação do comprimento de retenção para todas as amostras foi mostrada sob a forma de barras para ajudar a visão global das alterações da % do efeito de forma.

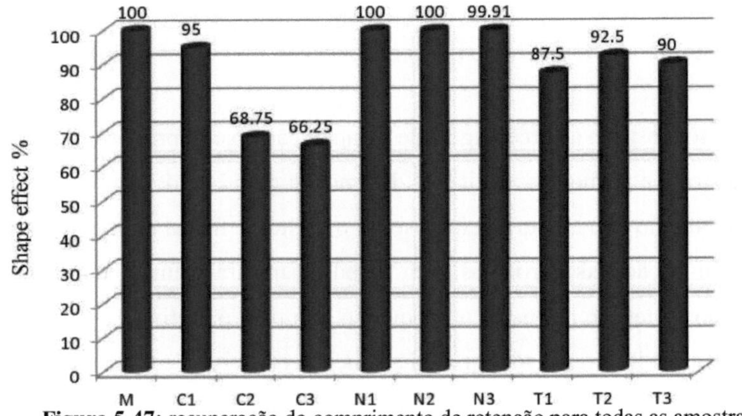

Figura 5-47: recuperação do comprimento de retenção para todas as amostras

A Fig.5-48 mostra a percentagem máxima de deformação admissível que pode ser atingida e recuperada sem deixar qualquer deformação após o aquecimento da amostra à temperatura martensítica.

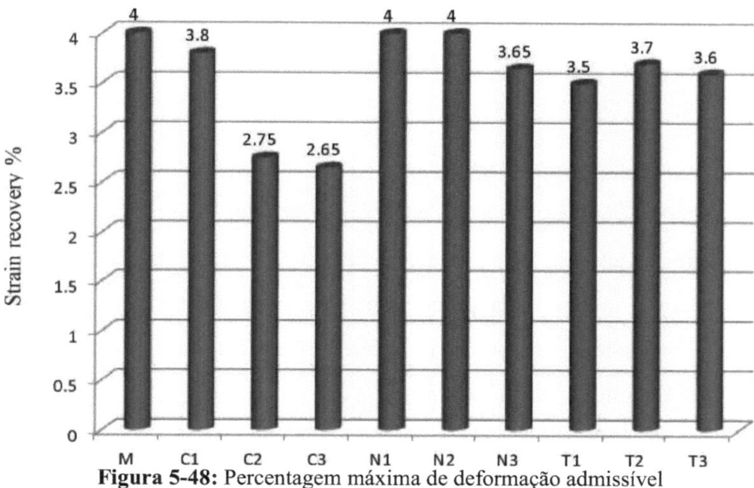

Figura 5-48: Percentagem máxima de deformação admissível

5.3.3 Compressão

Todas as amostras foram colocadas sob força de compressão até a falha ser determinada da seguinte forma :

Para a adição de Cr, representada na Fig. 5-49, verificou-se um aumento da força aplicada para iniciar a rotura com 0,3% de aditivo e começou a diminuir com a adição de 0,6 e 0,9% à estrutura. Este comportamento pode dever-se ao aumento da percentagem de partículas de Cr, que pode atuar como uma navalha de tensão na estrutura comprimida, pelo que, neste caso, uma percentagem de aditivo menor seria suficiente para obter melhores resultados.

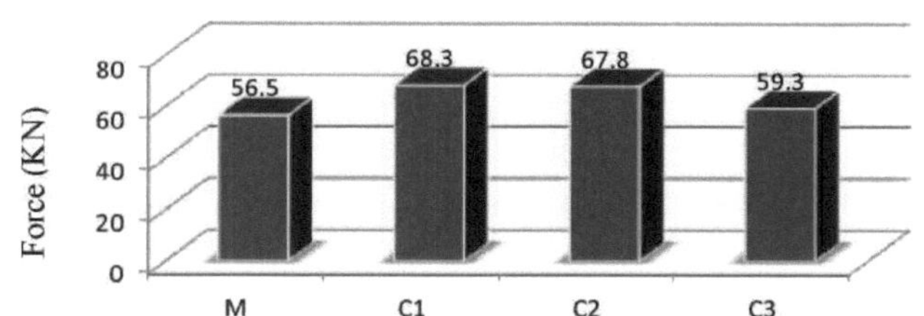

Figura 5-49: Força de compressão para amostras com elemento de liga Cr

A liga com aditivo Ta na Fig. 5-50 mostra uma gama crítica em 0,6% de aditivo, enquanto a compressão diminui e começa a aumentar após esta gama, mesmo superior ao valor de compressão da liga principal.

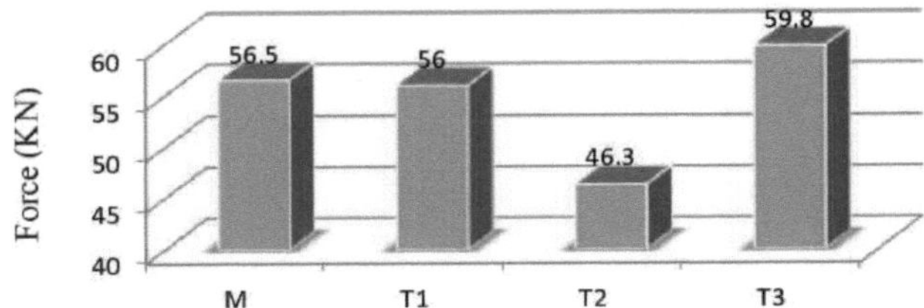

Figura 5-50: Força de compressão para amostras com elemento de liga Ta

Para as ligas aditivadas com Nb mostradas na Fig.5-51, o valor de compressão diminui linearmente com o aumento da percentagem de peso de Nb, como se adivinhou anteriormente, pode atuar como uma lâmina de barbear que ajuda à iniciação de fissuras que conduzem a uma falha precoce.

Os resultados da compressão de todas as amostras também são ilustrados na Fig. 5-52 .

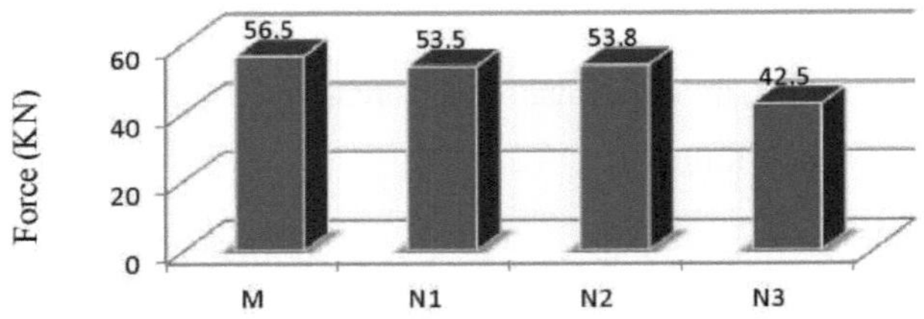

Figura 5-51: Força de compressão para amostras com elemento de liga Nb

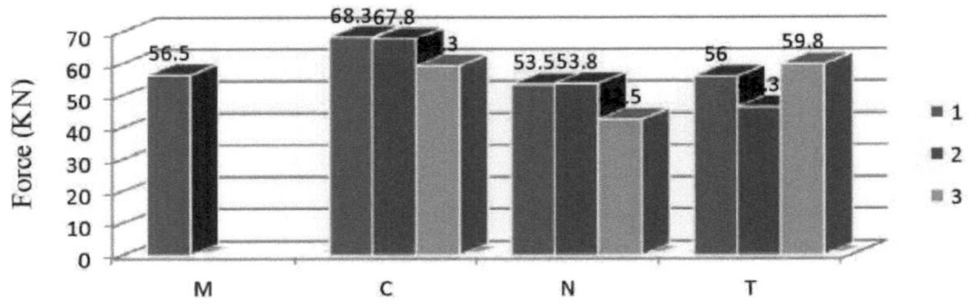

Figura 5-52: Força de compressão para todas as amostras

5.3.4 Resistência ao desgaste por deslizamento

Os elementos de liga adicionados à estrutura afectam a taxa de desgaste, o que pode ser ilustrado nas figuras seguintes:

A Fig. 5-53 mostra a perda de peso do provete com adição de liga de tântalo em função do tempo de exposição a uma carga de 250 g.

As figuras 5-54 e 5-55 mostram a perda de peso com uma força de carga de 500 e 750g, respetivamente, o que mostra que o aumento da carga tornará os resultados da perda de peso mais próximos uns dos outros, este comportamento é bastante diferente do comportamento normal de desgaste de uma liga, mas uma vez que esta liga tem o efeito de forma composto, mostra um ato de concordância com o desgaste. É evidente que a adição de tântalo a partir de 0,3, 0,6 e 0,9 % em peso conduz a um aumento da resistência à perda de peso . Além disso, o aumento da adição de tântalo de 0,3 para 0,9 % em peso resulta numa diminuição do perfil de inclinação das curvas de perda de peso/tempo, o que indica uma boa adesão e coesão das fases na liga preparada.

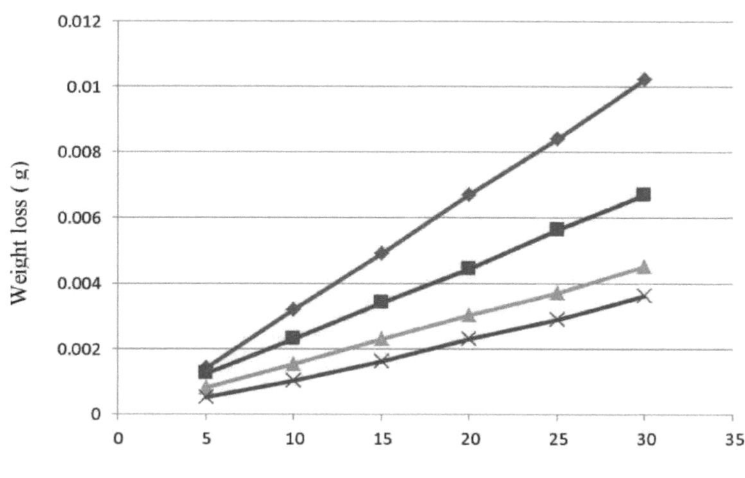

Figura 5-53: Perda de peso para amostras com elemento de liga Ta com carga de 250g

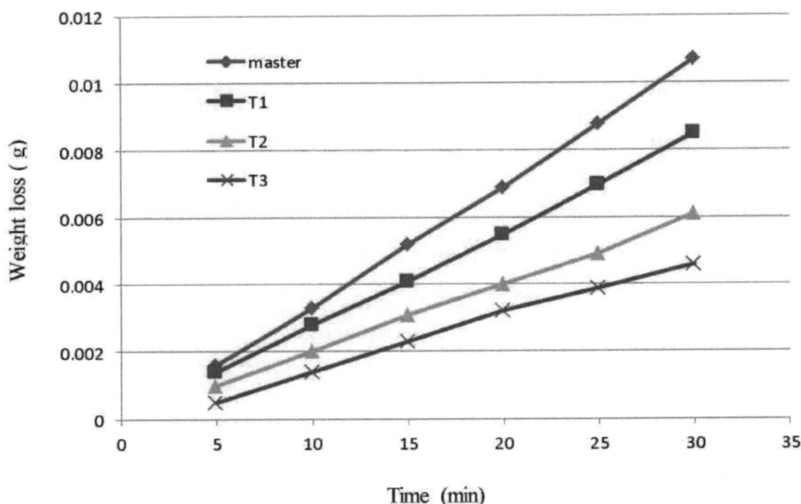

Figura 5-54: Perda de peso para amostras com elemento de liga Ta com carga de 500g

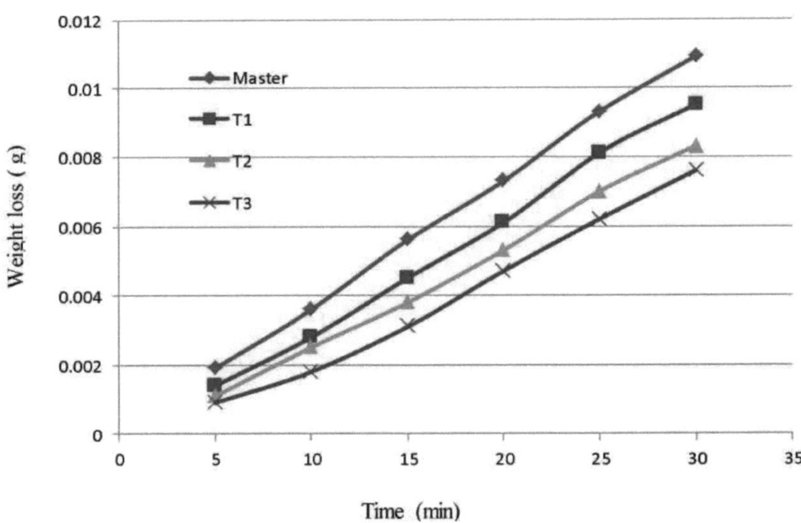

Figura 5-55: Perda de peso para amostras com elemento de liga Ta com carga de 750g

Também as Figs 5-56 ,5-57 e 5-58 mostram o mesmo comportamento para adições de Nb com 0,3 a 0,9wt% com ligeiro aumento da resistência ao desgaste, enquanto nas Figs 559,5-60 e 5-61 mostra a perda de peso para amostras de aditivos de Cr.

A mesma conclusão sobre as adições de Ta pode ser aplicada às amostras de Cr e Nb, o que parece indicar que o Ta, o Nb e o Cr são metais activos e podem reagir com a liga de base para formar um composto intermetálico que não aparece na análise de difração de raios X devido ao pequeno efeito de adição.

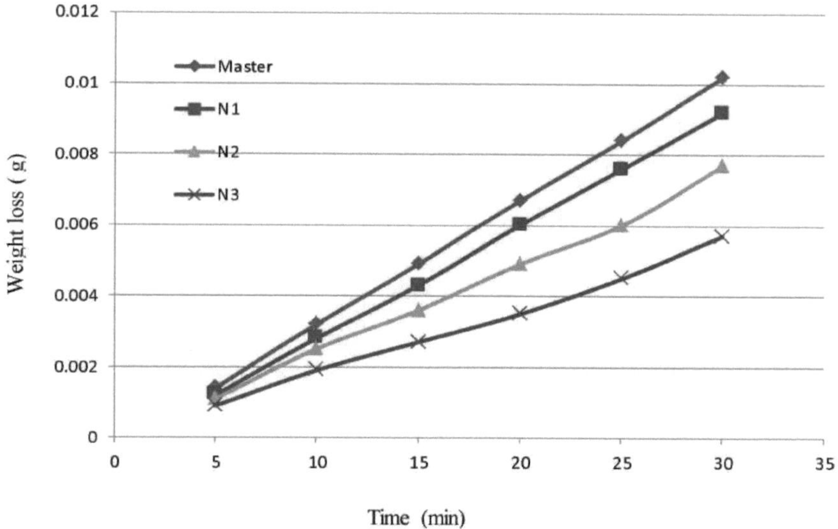

Figura 5-56: Perda de peso para amostras com elemento de liga Nb com carga de 250g

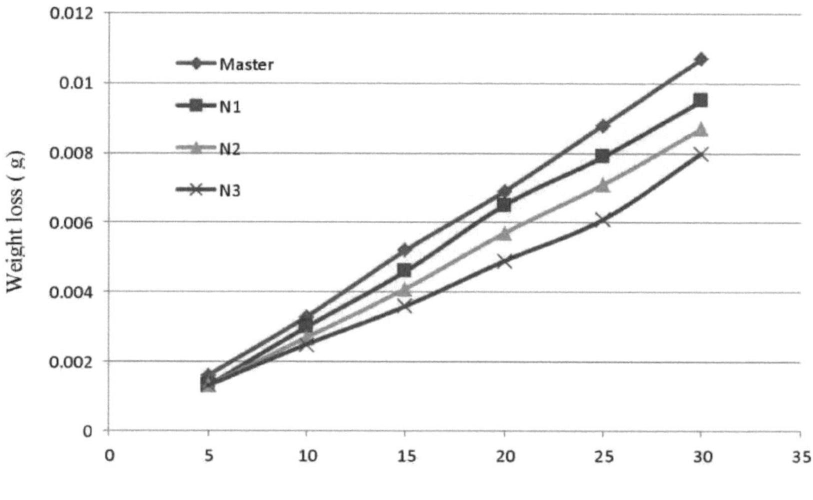

Figura 5-57: Perda de peso para amostras com elemento de liga Nb com carga de 500g

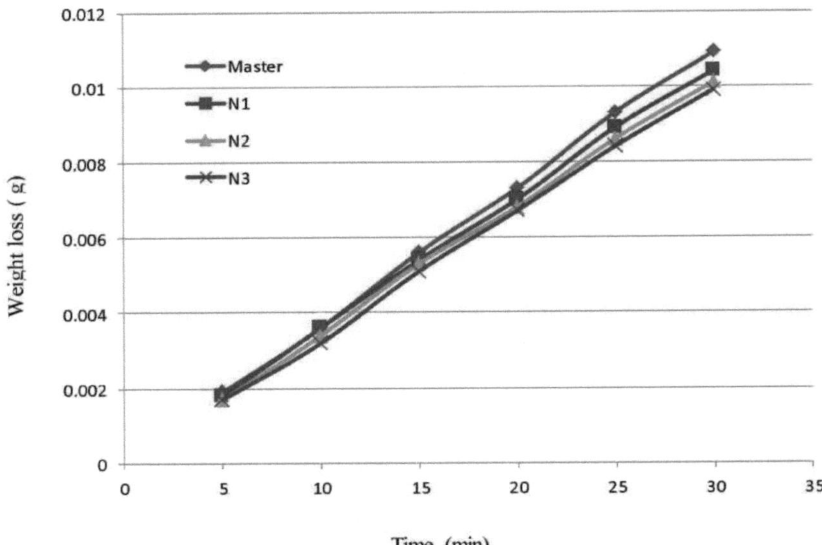

Figura 5-58: Perda de peso para amostras com elemento de liga Nb com carga de 750g

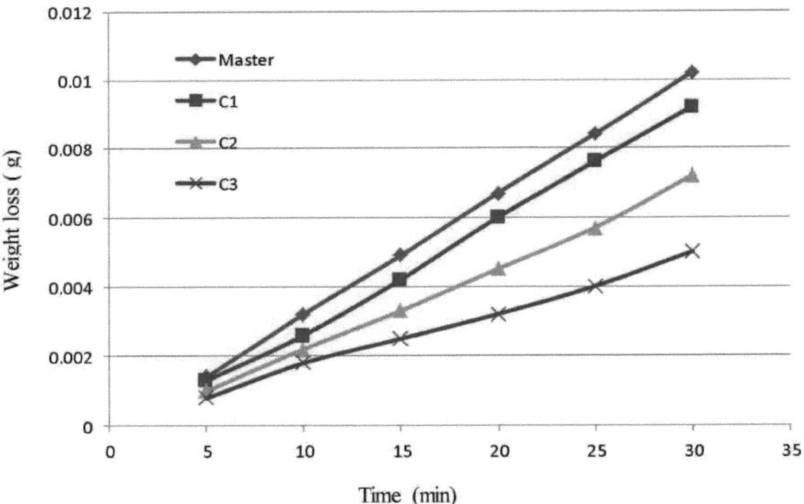

Figura 5-59: Perda de peso para amostras com elemento de liga Cr com carga de 250g

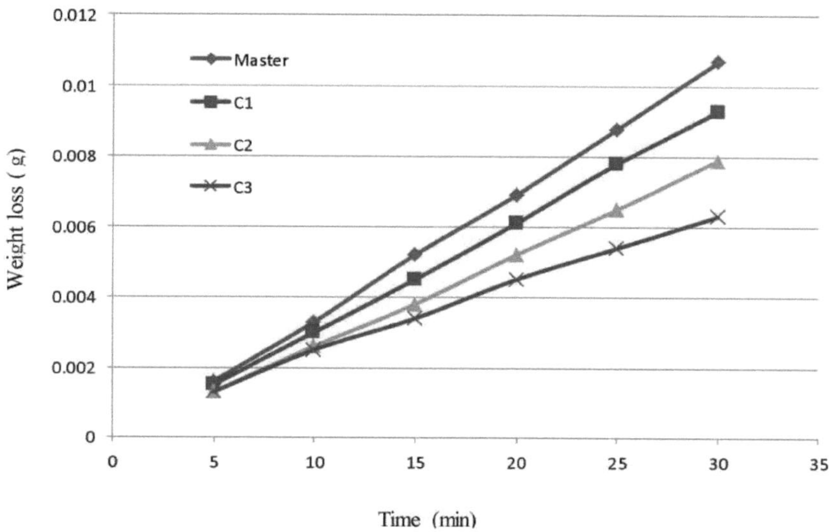

Figura 5-60: Perda de peso para amostras com elemento de liga Cr com carga de 500g

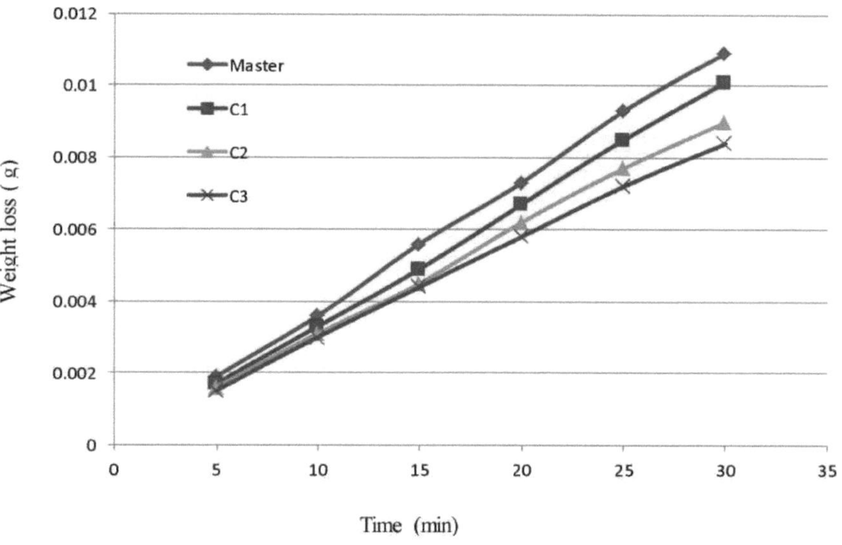

Figura 5-61: Perda de peso para amostras com elemento de liga Cr com 750g de carga

Capítulo 6

Conclusões e recomendações

6.1 Conclusões

A adição de qualquer metal elementar à liga com memória de forma tem grandes vantagens, podendo ser utilizada para outras aplicações que não tenham sido utilizadas anteriormente devido às suas limitações. Neste estudo, foram retiradas muitas conclusões dos resultados, que são discutidas do seguinte modo

1. A tensão de compactação a 650 Mpa com sinterização a 500°C durante uma hora e 850°C durante cinco horas é suficiente para produzir fases e microestrutura da liga com base na difração de raios X.
2. A densidade aparente aumenta com o aumento da tensão de compactação de 4,9 g/cm^3 a 300 Mpa de pressão de compactação para 5,58 g/cm^3 a 800 Mpa, enquanto a percentagem volumétrica de porosidade diminui de 23,8% para 12,1% nas mesmas condições.
3. O tempo de mistura de seis horas em misturador horizontal com acetona é suficiente para evitar a segregação do elemento de liga e ter uma boa distribuição, como é claramente mostrado nas imagens SEM e nos resultados EDX.
4. O tratamento térmico a 800 durante uma hora dá uma estrutura totalmente martensítica para todos os espécimes preparados.
5. A adição de tântalo em 0,9%wt dá a maior dureza para a liga com memória de forma Cu13%Al4%Ni, enquanto a adição de nióbio com 0,3%wt ou 0,6%wt dá um efeito de forma elevado.
6. A adição de crómio em 0,3%wt dá uma elevada resistência à compressão em comparação com as outras amostras aditivadas.

7. A perda de peso com a adição de tântalo diminui com o aumento da

percentagem em peso de Ta, o mesmo acontecendo com o crómio, mas com uma diminuição lenta da perda de peso com a adição de nióbio.

8. O efeito de forma e a recuperação da deformação são de 4% para a liga principal e permanecem constantes com a adição de Nb, enquanto o crómio e o tântalo diminuem.

.

6.2 Recomendações para trabalhos futuros

Várias sugestões e recomendações para o trabalho futuro podem ser feitas da seguinte forma

1. A superfície de fratura após o ensaio de compressão utilizando o microscópio eletrónico.
2. O efeito do óleo lubrificante no desgaste por deslizamento de ligas com memória de forma à base de Cu.
3. O efeito das ligas com memória de forma como partículas reforçadas no compósito de matriz metálica.
4. A resposta dinâmica da liga com memória de forma à base de cobre, como a análise da fadiga e a resposta à vibração.
5. O efeito de outro elemento de liga, como Ag e Sn, com diferentes percentagens em peso.
6. A percentagem mais elevada de adição de Ta afecta o efeito de forma e as propriedades mecânicas das ligas com memória de forma à base de Cu.

Apêndice A

Papel de teste de tamanho de partícula A-1

Page 5 of 6

This invoice must be completed in English

COMMERCIAL INVOICE

EXPORTER:
Tax ID#:
Contact Name: Rene
Telephone No.: 2818701700
E-Mail: sales@ssnano.com
Company Name/Address:
SkySpring Nanomaterials, Inc
2935 Westhollow Dr.

Houston TX 77082
Country: UNITED STATES OF AMERICA
Parties to Transaction:
☐ Related ☐ Non-Related
Payment Terms:
Purpose of Shipment: Commercial

CI-797998616870

Ship Date: 30 Jan, 2012
Air Waybill No. / Tracking No. / Bill of Lading: 797998616870
Invoice No.: 7515 **Purchase Order No.:**

CONSIGNEE:
Tax ID#:
Contact Name: Raed Zayoor Jameel
Telephone No.: 009647707941504
E-Mail: raedzewar@yahoo.com
Company Name/Address:
Raed Zayoor Jameel
Palestine street
site(506), lane(30), house no.(4)

baghdad
Country: IRAQ

SOLD TO (if different from Consignee):
☑ Same as CONSIGNEE
Tax ID#:
Company Name/Address:

Country:

If there is a designated broker for this shipment, please provide contact information
Name of Broker **Tel No.** **Contact Name**
Duties and Taxes Payable by ☐ Exporter ☑ Consignee ☐ Other If Other, please specify

No. of Packages	No. of Units	Unit of Measure	Description of Goods	Harmonized Tariff Number	Country of Origin	Unit Value	Total Value
	1.00	KGS	Commercial - Copper powder		US	200.000000	200.00
	1.00	KGS	Commercial - Aluminum Powder		US	200.000000	200.00
	100.00	G	Commercial - Chromium Powder		US	1.800000	180.00
	100.00	G	Commercial - Niobium Powder		US	1.950000	195.00
	100.00	G	Commercial - Tantalum Powder		US	1.800000	180.00
	500.00	G	Commercial - Titanium Powder		US	0.360000	180.00
	500.00	G	Commercial - Nickel Powder		US	0.360000	180.00

Total No. of Packages: 1 **Total Weight (Indicate LBS or KGS):** 0.00 lbs

Incoterms:	FCA
Subtotal:	1,315.00
Insurance:	0.00
Freight:	0.00
Packing:	0.00
Handling:	0.00
Other:	0.00
Invoice Total:	1,315.00
Currency Code:	USD

Special Instructions:

Declaration Statement(s):
These commodities, technology, or software were exported from the United States in accordance with the Export Administration Regulations. Diversion contrary to United States law is prohibited.

I declare that all the information contained in this invoice to be true and correct

Originator or Name of Company Representative if the invoice is being completed on behalf of a company or individual:

Signature / Title / Date Rene SAlinas / Shipper / 01-30-2012 30 Jan, 2012

https://www.fedex.com/shipping/html/en//PrintIFrame.html 1/29/2012

Papel de ensaio de granulometria A-2

استمارة نتائج فحوصــات

وزارة العلوم والتكنولوجيا
دائرة بحوث كيمياء وفيزياء المواد

رقم الاستمارة:(   )

مركز : بحوث المواد المتقدمة
قســم : السيراميك
شعبة : تكنولوجيا المساحيق

الجهة المستفيدة	اسم المستفيد	رقم و تاريخ الكتاب	تاريخ استلام العينة	تاريخ تسليم العينة
كلية الهندسة/جامعة الكوفة قسم الهندسة الميكانيكية	طالب الماجستير رائد زبون جبيل	ع د ٥٩٨/٢/٤٣ ٢٠١٢/٢/١٨	الخميس ٢٠١٢/٢/٢٢	٢٠١٢/٤/٣

ت	مادة العينة	طبيعة الفحص	النتائج	القياس وفق المواصفة	الكلف بالدينار العراقي	الملاحظات
١ ٢ ٣	مسحوق الألمنيوم (١) مسحوق الألمنيوم (٢) مسحوق نيكل	قياس الحجم الحبيبي	مرفقة طيا	/	/	/

توقيع الفاحص — توقيع مدير الشعبة — توقيع مدير القسم — توقيع مدير المركز

٢٠١٢/٤/١ — ٢٠١٢/٤/٢

Resultado do ensaio de granulometria A-3 para Cu

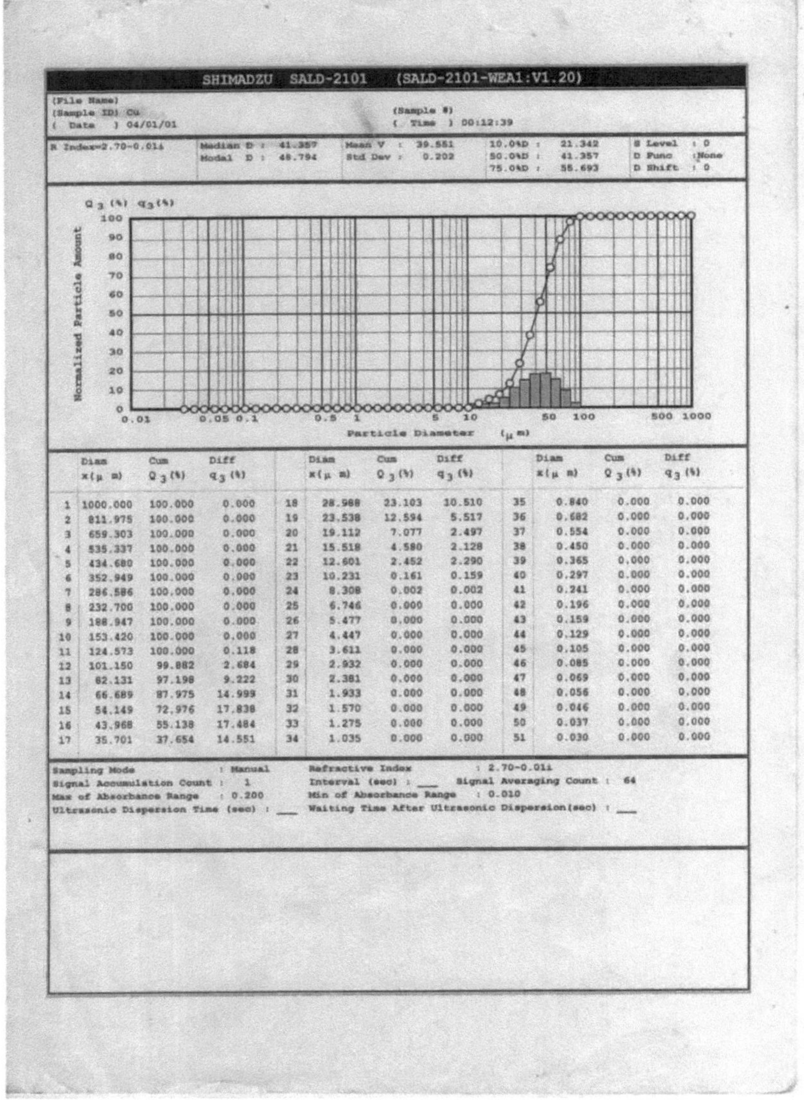

SHIMADZU SALD-2101 (SALD-2101-WEA1:V1.20)

(File Name)
(Sample ID) Cu
(Date) 04/01/01

(Sample #)
(Time) 00:12:39

R Index=2.70-0.01i	Median D : 41.357	Mean V : 39.551	10.0%D : 21.342	S Level : 0
	Modal D : 48.794	Std Dev : 0.202	50.0%D : 41.357	D Func :None
			75.0%D : 55.693	D Shift : 0

	Diam x(μ m)	Cum Q_3 (%)	Diff q_3 (%)		Diam x(μ m)	Cum Q_3 (%)	Diff q_3 (%)		Diam x(μ m)	Cum Q_3 (%)	Diff q_3 (%)
1	1000.000	100.000	0.000	18	28.988	23.103	10.510	35	0.840	0.000	0.000
2	811.975	100.000	0.000	19	23.538	12.594	5.517	36	0.682	0.000	0.000
3	659.303	100.000	0.000	20	19.112	7.077	2.497	37	0.554	0.000	0.000
4	535.337	100.000	0.000	21	15.518	4.580	2.128	38	0.450	0.000	0.000
5	434.680	100.000	0.000	22	12.601	2.452	2.290	39	0.365	0.000	0.000
6	352.949	100.000	0.000	23	10.231	0.161	0.159	40	0.297	0.000	0.000
7	286.586	100.000	0.000	24	8.308	0.002	0.002	41	0.241	0.000	0.000
8	232.700	100.000	0.000	25	6.746	0.000	0.000	42	0.196	0.000	0.000
9	188.947	100.000	0.000	26	5.477	0.000	0.000	43	0.159	0.000	0.000
10	153.420	100.000	0.000	27	4.447	0.000	0.000	44	0.129	0.000	0.000
11	124.573	100.000	0.118	28	3.611	0.000	0.000	45	0.105	0.000	0.000
12	101.150	99.882	2.684	29	2.932	0.000	0.000	46	0.085	0.000	0.000
13	82.131	97.198	9.222	30	2.381	0.000	0.000	47	0.069	0.000	0.000
14	66.689	87.975	14.999	31	1.933	0.000	0.000	48	0.056	0.000	0.000
15	54.149	72.976	17.838	32	1.570	0.000	0.000	49	0.046	0.000	0.000
16	43.968	55.138	17.484	33	1.275	0.000	0.000	50	0.037	0.000	0.000
17	35.701	37.654	14.551	34	1.035	0.000	0.000	51	0.030	0.000	0.000

Sampling Mode : Manual
Refractive Index : 2.70-0.01i
Signal Accumulation Count : 1
Interval (sec) : ___ Signal Averaging Count : 64
Max of Absorbance Range : 0.200
Min of Absorbance Range : 0.010
Ultrasonic Dispersion Time (sec) : ___
Waiting Time After Ultrasonic Dispersion(sec) : ___

A-4 Resultado do ensaio de composição química do Cu

SPECTRO

29/04/2012 09:57:24

Method: Cu-10-F

Comment: Pure Cu

Sample Name:

29/04/2012 09:54:55

Element concentration

	Zn	Pb	Sn	P	Mn	Fe	Ni	Si
	%	%	%	%	%	%	%	%
Ø (2)	0.0082	0.0524	0.0238	0.00041	< 0.00040	0.0171	< 0.00020	< 0.00080

	Mg	Cr	As	Sb	Cd	Bi	Ag	Co
	%	%	%	%	%	%	%	%
Ø (2)	< 0.00010	0.00091	< 0.00040	0.0011	< 0.00030	< 0.00060	0.0027	0.0070

	Al	S	Be	Zr	Au	B	Ti	Pt
	%	%	%	%	%	%	%	%
Ø (2)	< 0.00050	0.0037	< 0.00010	< 0.00030	< 0.00060	0.0013	< 0.00020	< 0.0020

	Cu							
	%							
Ø (2)	99.9							

- 1 -

A-5 Gráfico de dados para o cálculo da porosidade e da densidade

Sample pressure (MPa)	A (g)	B(g)	C(g)	F(g)
300	5.04	5.286		4.263
425	5.1	5.181		4.225
550	4.93	5.051		4.145
675	5.03	5.87		4.223
800	4.96	5.071		4.183

D_w (densidade da água) foi considerada 0,9968 de acordo com a tabela Astm B328, que depende da temperatura ambiente, que era de $26^{O}C$.

Também para o cálculo da porosidade, a D_O (densidade do óleo) foi considerada como 0,882 de acordo com

o tipo de óleo utilizado.

A-4 Exemplo de cálculo do cálculo da porosidade e da densidade

Por exemplo, se pegarmos nos dados da amostra compactada de 300 MPa e os substituirmos na fórmula indicada a seguir

$$D = \left(\frac{B}{B - F}\right) D_w$$

$$D = \left(\frac{5.04}{5.286 - 4.263}\right) * 9968 = 4.910$$

E para a caculação da porosidade

$$P = \left[\frac{B - A}{(B - F) \times D_o} \times 100\right] D_w$$

$$P = \left(\frac{5.286 - 5.04}{(5.286 - 4.407) * 0.882}\right) * 100\% = 23.825\%$$

A-6 Resultado do ensaio de difração de raios X para a amostra T3

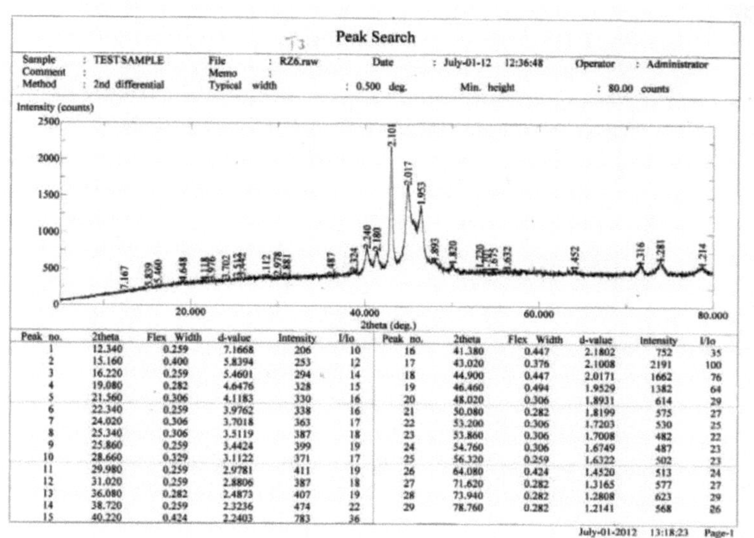

Peak no.	2theta	Flex Width	d-value	Intensity	I/Io
1	12.340	0.259	7.1668	206	10
2	15.160	0.400	5.8394	253	12
3	16.220	0.259	5.4601	294	14
4	19.080	0.282	4.6476	328	15
5	21.560	0.306	4.1183	330	16
6	22.340	0.259	3.9762	338	16
7	24.020	0.306	3.7018	363	17
8	25.340	0.306	3.5119	387	18
9	25.860	0.259	3.4424	399	19
10	28.660	0.329	3.1122	371	17
11	29.980	0.259	2.9781	411	19
12	31.020	0.259	2.8806	387	18
13	36.080	0.282	2.4873	407	19
14	38.720	0.259	2.3236	474	22
15	40.220	0.424	2.2403	783	36
16	41.380	0.447	2.1802	752	35
17	43.020	0.376	2.1008	2191	100
18	44.900	0.447	2.0171	1662	76
19	46.460	0.494	1.9529	1382	64
20	48.020	0.306	1.8931	614	29
21	50.080	0.282	1.8199	575	27
22	53.200	0.306	1.7203	530	25
23	53.860	0.306	1.7008	482	22
24	54.760	0.306	1.6749	487	23
25	56.320	0.259	1.6322	502	23
26	64.080	0.424	1.4520	513	24
27	71.620	0.282	1.3165	577	27
28	73.940	0.282	1.2808	623	29
29	78.760	0.282	1.2141	568	26

July-01-2012 13:18:23 Page-1

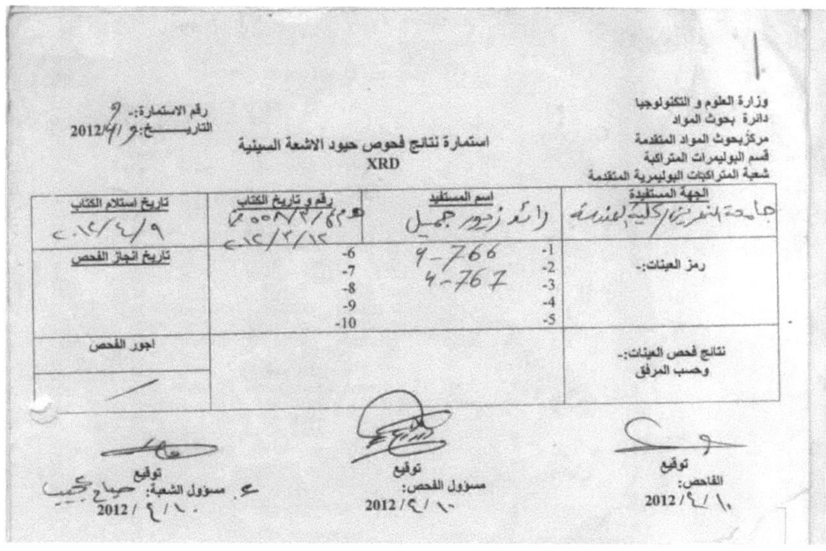

وزارة العلوم و التكنولوجيا
دائرة بحوث المواد
مركزبحوث المواد المتقدمة
قسم البوليمرات المتراكبة
شعبة المتراكبات البوليمرية المتقدمة

رقم الاستمارة:- 9
التاريـــــخ: 2012/4/9

استمارة نتائج فحوص حيود الاشعة السينية
XRD

الجهة المستفيدة	اسم المستفيد	رقم و تاريخ الكتاب	تاريخ استلام الكتاب
جامعة النهرين/كلية الهندسة	رائد زهير جميل		٢٠١٢/٤/٩
رمز العينات:-	-1 9-766 -2 9-767 -3 -4 -5	-6 -7 -8 -9 -10	تاريخ انجاز الفحص
نتائج فحص العينات:- وحسب المرفق			اجور الفحص

توقيع
الفاحص:
2012/٤/١٠

توقيع
مسؤول الفحص:
2012/٤/١٠

توقيع
مسؤول الشعبة:
2012/٤/١٠

وزارة العلوم و التكنولوجيا
دائرة بحوث المواد
مركز بحوث المواد المتقدمة
قسم البوليمرات المتراكبة
شعبة المتراكبات البوليمرية المتقدمة

رقم الاستمارة:- ٩
التاريـــــخ:- 2012/٤/١٧

استمارة نتائج الفحوص الحرارية التفاضلية
DSC

الجهة المستفيدة	اسم المستفيد	رقم و تاريخ الكتاب	تاريخ استلام الكتاب
جامعة النهرين / كلية الهندسة	رائد زيدون جميل	٥٥٨/٢/٤ هـ م ٢٠١٢/٣/١٢	٢٠١٢/٤/١٧
رمز العينات:-	4-834 4-835		تاريخ انجاز الفحص ٢٠١٢/٤/٢٣
وزن العينة 10 mg	نوع الجفنة المفتوح	معدل التسخين من درجة حرارة الغرفة ـ ٢٥٠°م (١٥°/min)	ظروف الفحص هواء
نتائج فحص العينات:-	[illegible] في درجات حرارية مختلفة		
الملاحظات:-			

توقيع
الفاحص
2012/٤/٢٤

توقيع
مسؤول الفحص
2012/٤/٢٤

توقيع
مسؤول الشعبة
2012/4/24

Referências

[1] . **Mel Schwartz** "Encyclopedia of materials, parts, and finishes" CRC Press LLC, 2nd ed.,(2002).

[2] . **L.G. Machado e M.A. Savi** "Aplicações médicas de ligas com memória de forma" Brazilian journal of medical and biological research 33:683-691 (2003)

[3] . **Michelle Addington e Daniel L. Schodek** " Smart Materials and New Technologies " Architectural Press 1st ed (2005).

[4] . **Hodgson DE, Wu MH & Biermann RJ** *"Shape Memory Alloys, Metals Handbook"* Vol. 2. ASM International, Ohio(1990).

[5] . **G. Songa, N. Maa e H.-N. Li** " Aplicações de ligas com memória de forma em estruturas civis " Engineering Structures 28 : 1266-1274 (2006)

[6] . **J. Marchand,S.Mindess ,H.W.** " Applications of shape memory alloys in civil engineering structures- overview limits and new ideas " materials and structures 38 (2005)578-592.

[7] . ***T. Tadaki*** " Ligas com memória de forma " Annu. Rev. Mater. Sci. *1988. 18 : 25-45*

[8] . **Mel Schwartz** " Encyclopedia of smart materials " John Wiley & Sons, Inc. (2002)

[9] . **Dimitris C. Lagoudas** " Shape Memory Alloys Modeling and Engineering Applications " Springer Science+Business Media, LLC(2008)

[10] . **Jeffrey W. Akers, James Michael Zekus**" Method for precision modification and enhancement of shape memory alloy properties " Us patent May 29(2001)

[11] . **Alfred Johnson** " Dispositivo de fixação de forma hiperelástica e método de fabrico " patente dos EUA 22 de setembro (2011)

[12]. **G. S. Upadhyaya** " powder metallurgy technology" Cambridge International Science Publishing August(2002).

[13] . **Wenyi Yan** "Análise mecânica do comportamento de desgaste de ligas com memória de forma" Centro de Investigação em Engenharia Computacional (2005)

[14] **Jin, J., Wang, H.** "Resistência ao desgaste da liga Ni-Ti". Wear 255 (2003)

617-628

[15] D.Y. Li " Development of novel tribo composites with TiNi shape memory alloy matrix " paper by science direct , Department of Chemical and Materials Engineering, University of Alberta, Canada (2003) .

[16] W.C. Oliver e G.M.Pharr "An improved technique for determining hardness and elastic modules using load and displacement sensing indentation experiments" J.Mater. Res, Vol 7, NO 6, junho (1992).

[17] Wenyi Yan, Esteban P. Busso e Noel P. " A micromechanics investigation of sliding wear in coated compound " proceeding Royal Society of London (2005)

[18] . E. Schüller, M. Bram, H.P. Buchkremer, D. Stover "Phase transformation temperatures for NiTi alloys prepared by powder metallurgical processes" Materials Science and Engineering A 378: 165-169 (2004)

[19] . Ausonio Tuissi, Paola Bassani,Andrea Mangioni, Luca Toia, Francesco Butera" Fabrication Process and Characterization of NiTi Wires for Actuators", SAES Getters (2004).

[20] . Q.S. Liu, X. Maa, C.X. Lin, Y.D. Wu " Effect of the heat treatment on the damping characteristics of the NiTi shape memory alloy", Materials Science and Engineering A 438-440 (2006) 563-566

[21] . Juliane Mentz, Martin Bram, Hans Peter Buchkremer, Detlev Sfover " Influence of heat treatments on the mechanical properties of high- quality NiTi rich NiTi produced by powder metallurgical methods ", Materials Science and Engineering A 481-482 (2008) 630-634

[22] . Z. Lekston, E.tagiewka " X-ray diffraction studies of NiTi shape memory alloys " , Archives of Materials Science and Engineering volume 28 ,Issue 11,November (2007),Pages 665-672

[23] . Gen Satoh, Andrew Birnbaum, Y. Lawrence Yao "Efeito dos parâmetros de recozimento nas propriedades de memória de forma das películas finas de NiTi" Actas do Congresso ICALEO® (2008) Página 101 de 167

[24] . J.M. Dutkiewicz1, W. Maziarz1, T. Czeppel " Powder metallurgy technology ofNiTi shape memory alloy" Eur. Phys. J. Special Topics 158, 59-65 (2008)

[25]. K.W. Ng, H.C. Man , T.M. Yue " Corrosion and wear properties of laser surface modified NiTi with Mo and ZrO2 ", Applied Surface Science 254 (2008) 6725-6730

[26]. Dalibor VOJTÈCH "A influência do tratamento térmico da memória de forma NiTi nas suas propriedades mecânicas", Roznov pod Radhostem 18. - 20. 5. (2010)

[27] . V. RECARTE, R.B. PE'REZSA' EZ, E.H. BOCANEGRA, M.L. NO' , and J. SAN JUAN" Influence of Al and Ni Concentration on the Martensitic Transformation in Cu-Al-Ni Shape-Memory Alloys", metallurgical and materials transactions a volume 33a, august (2002)-2581

[28] . P. Blanc, C. Lexcellent "Micromechanical modeling of a CuAlNi shape memory alloy behavior" (Modelação micromecânica do comportamento de uma liga com memória de forma CuAlNi) "Materials Science and Engineering A 378 (2004) 465-469

[29] . Z. Li , Z.Y. Pan, N. Tang, Y.B. Jiang, N. Liu, M. Fang, F. Zheng "Cu-Al-Ni-Mn shape memory alloy processed by mechanical alloying and powder metallurgyMaterials Science and Engineering A 417 (2006) 225-229

[30] . A. Ibarra, J. San Juan, E.H. Bocanegra, M.L.N'o " Thermomechanical characterization of Cu-Al-Ni shape memory alloys elaborated by powder metallurgy" Materials Science and Engineering A 438-440 (2006) 782-786

[31] . N. Suresh, U. Ramamurty "Effect of aging on mechanical behavior of single crystal Cu-Al-Ni shape memory alloys" Materials Science and Engineering A 454-455 (2007) 492-499

[32] . U. Sari, T. Kirindi "Effects of deformation on microstructure and mechanical properties of a Cu-Al-Ni shape memory alloy", materials characterization 59 (2008) 920 - 929

[33] . Zhu Xiao a, Zhou Li, Mei Fang, Shiyun Xiong, Xiaofei Sheng, Mengqi Zhou "Effect of processing of mechanical alloying and powder metallurgy on microstructure and properties of Cu-Al-Ni-Mn alloy", Materials Science and Engineering A 488 (2008) 266-272

[34] . Sara Casciati "Otimização do tratamento térmico de produtos à base de cobre shape memory alloys" Proceedings of the First International Conference on Self-Healing Materials 18-20 de abril (2007)

[35] . Abdul Raheem . K. Abid Ali & Zuheir T. Khulief.Al-Tai" O Efeito da Adição de Ferro no Desgaste por Deslizamento a Seco e no Comportamento de Corrosão da Liga com Memória de Forma Cu Al Ni" Eng. & Tech. Journal, Vol. 28, No.24, (2010)

[36] **. N. Cimpoe^u , M. Axinte, R. Cimpoe^u Hanu, C. Nejneru, d. C. achitei, S. Stanciu**" Journal of optoelectronics and advanced materials Vol. 12, N.º 8, agosto (2010), p. 1772 - 1776

[37] **. Sara Casciati , Alessandro Marzi** "Ensaios de fadiga em barras SMA no controlo de vãos" Engineering Structures 33 (2011) 1232-1239

[38] **. S.K. Vajpai, R.K. Dube, S. Sangal**" Microestrutura e propriedades de tiras de liga com memória de forma Cu-Al-Ni preparadas através de laminagem por densificação a quente de pré-formas de pó atomizado com árgon" The Minerals, Metals & Materials Society and ASM International 3178-VOLUME 42A, OUTUBRO (2011)

[39] **. R. Hogg** "Mixing and Segregation in Powders Evaluation, Mechanisms and Processes" KONA Powder and Particle Journal No.27, (2009)

[40] **. M. Marigo, D.L. Cairns, M. Davies, A. Ingram e E.H. Stitt** " Uma comparação numérica das eficiências de mistura de sólidos num recipiente cilíndrico sujeito a uma série de movimentos " Powder Technology 217 (2012) 540-547

[41] **Kiyohito Ishida** "Liga à base de cobre com propriedades de memória de forma e superelasticidade, elementos fabricados a partir dessa liga e método de produção da mesma", patente dos EUA, 18 de junho (2002).

[42] **. Sara Casciati** "otimização do tratamento térmico para ligas com memória de forma à base de cobre" Proceedings of the First International Conference on SelfHealing Materials 18-20 de abril (2007).

[43] **. ASTM B 328 - 96** "Standard Test Method for Density, Oil ontent, and Interconnected Porosity of Sintered Metal Structural Parts and Oil- Impregnated Bearings" ASTM International (2003).

[44] **. Geng Guili, Bai Yujun e Peng Qifeng "** Estudo Dsc da cinética de transformação martensítica numa liga com memória de forma Cu-Zn-Al-Mn_Ni " ACTA metallurgical sinica Vol 9 No. 1 PP 56-58 Feb(1996)

[45] **. Hiroyuki Kato e Kazuaki Sasaki** " Evitar o erro de determinação da temperatura de acabamento da martensite devido à inércia térmica na calorimetria diferencial de varrimento: modelo e experiência de ligas com memória de forma Ni-Ti e Cu-Al-Ni " Mater Sci (2012) 47:1399-1410

[46] **. ASTM E 340 - 00** " Standard Test Method for Macroetching Metals and Alloys "ASTM International (2002)

[47] J. R. Davis , Davis & Associates " Copper and Copper Alloys " ASM Specialty handbook , ASM International (2001)

[48] ASTM G 99 - 95a "Standard Test Method for Wear Testing with a Pin- on-Disk Apparatus" ASTM International (2000)

Printed by Books on Demand GmbH, Norderstedt / Germany